本教材第 1 版曾获首届全国教材建设奖全国优秀教材二等奖

 "十四五"职业教育国家规划教材

 国家职业教育建筑装饰工程技术专业
教学资源库配套教材

建筑装饰
构造与施工

（第 2 版）

▶董远林　主编

中国教育出版传媒集团

高等教育出版社·北京

内容提要

　　本教材第 1 版曾获首届全国教材建设奖全国优秀教材二等奖。本教材为"十四五"职业教育国家规划教材。建筑装饰装修的核心内容是装饰构造与施工技术,本教材主要内容包括建筑装饰构造与施工概述和吊顶工程、墙柱面工程、隔墙工程、门窗工程、楼地面工程及其他工程六部分的装饰构造与施工,每个工程项目包含多个实际任务案例,基本涵盖了常见建筑装饰装修范围。为帮助学习者理解每个任务的重点、难点,将大量的微课、虚拟仿真动画、现场施工图片等辅教助学资源融入教材,让专业性较强的装饰装修变得通俗易懂。

　　本教材在内容编写上严格按照国家最新的规范,通过"任务目标、任务描述、任务实施、任务拓展"等渐进式的学习步骤,辅以图文详解、视频学习,全方位突出本书的实践性及应用性。

　　本教材实现了互联网与传统教学的完美融合,采用"纸质教材+数字课程"的出版形式,以新颖的留白编排方式,突出资源的导航,扫描二维码即可观看微课、动画等视频类数字资源,随扫随学,突破传统课堂教学的时空限制,激发学生的自主学习,打造高效课堂。更多资源及配套数字课程的学习方式详见"智慧职教服务指南"。

　　本教材可作为建筑装饰工程技术、建筑工程技术、建筑室内设计、建筑装饰工程、环境艺术设计等专业的教学用书,也可作为岗位技术培训及从事相关行业的专业技术人员的参考用书。

　　授课教师如需要本教材配套的教学课件资源,可发送邮件至邮箱 gztj@ pub. hep. cn 获取。

图书在版编目(CIP)数据

　　建筑装饰构造与施工 / 董远林主编. －－ 2 版. －－ 北京 : 高等教育出版社,2023.8(2024.12 重印)
　　ISBN 978-7-04-060481-8

　　Ⅰ. ①建⋯　Ⅱ. ①董⋯　Ⅲ. ①建筑装饰-建筑构造-高等职业教育-教材②建筑装饰-工程施工-高等职业教育-教材　Ⅳ. ①TU767

　　中国国家版本馆 CIP 数据核字(2023)第 079116 号

建筑装饰构造与施工(第 2 版)
JIANZHU ZHUANGSHI GOUZAO YU SHIGONG

| 策划编辑　温鹏飞 | 责任编辑　温鹏飞 | 封面设计　李沛蓉 | 版式设计　徐艳妮 |
| 责任绘图　杨伟露 | 责任校对　吕红颖 | 责任印制　存　怡 | |

出版发行	高等教育出版社	网　　址	http://www.hep.edu.cn
社　　址	北京市西城区德外大街 4 号		http://www.hep.com.cn
邮政编码	100120	网上订购	http://www.hepmall.com.cn
印　　刷	三河市潮河印业有限公司		http://www.hepmall.com
开　　本	850mm×1168mm　1/16		http://www.hepmall.cn
印　　张	16.25	版　　次	2017 年 8 月第 1 版
字　　数	390 千字		2023 年 8 月第 2 版
购书热线	010-58581118	印　　次	2024 年 12 月第 4 次印刷
咨询电话	400-810-0598	定　　价	49.80 元

本书如有缺页、倒页、脱页等质量问题,请到所购图书销售部门联系调换
版权所有　侵权必究
物 料 号　60481-00

"智慧职教"服务指南

"智慧职教"(www.icve.com.cn)是由高等教育出版社建设和运营的职业教育数字教学资源共建共享平台和在线课程教学服务平台,与教材配套课程相关的部分包括资源库平台、职教云平台和 App 等。用户通过平台注册,登录即可使用该平台。

● 资源库平台:为学习者提供本教材配套课程及资源的浏览服务。

登录"智慧职教"平台,在首页搜索框中搜索"建筑装饰构造与施工",找到对应作者主持的课程,加入课程参加学习,即可浏览课程资源。

● 职教云平台:帮助任课教师对本教材配套课程进行引用、修改,再发布为个性化课程(SPOC)。

1. 登录职教云平台,在首页单击"新增课程"按钮,根据提示设置要构建的个性化课程的基本信息。

2. 进入课程编辑页面设置教学班级后,在"教学管理"的"教学设计"中"导入"教材配套课程,可根据教学需要进行修改,再发布为个性化课程。

● App:帮助任课教师和学生基于新构建的个性化课程开展线上线下混合式、智能化教与学。

1. 在应用市场搜索"智慧职教 icve"App,下载安装。

2. 登录 App,任课教师指导学生加入个性化课程,并利用 App 提供的各类功能,开展课前、课中、课后的教学互动,构建智慧课堂。

"智慧职教"使用帮助及常见问题解答请访问 help.icve.com.cn。

第2版前言

本教材为"十四五"职业教育国家规划教材,本教材第1版曾获首届全国教材建设奖全国优秀教材二等奖。本教材是以教育部《关于职业院校专业人才培养方案制订与实施工作的指导意见》(教职成〔2019〕13号)、《职业院校教材管理办法》(教材〔2019〕3号)等文件精神为指导,将思政元素、建筑装饰行业最新标准、企业新技术、技能大赛、职业技能等级证书等内容有机融合,打造的岗课赛证融通教材。以培养学生懂构造、会施工、能验收的职业能力为主线,将探究学习、团队协作、创新能力培养贯彻教材始终,教材内容全面反映新时代产教融合、校企合作、现代学徒制、工作室教学、创新创业教育等教学改革成果。

一、编写理念

在建筑产业"绿色化、智慧化、工业化"转型升级背景下,结合《高等职业教育建筑装饰工程技术专业教学标准》《建筑装饰装修工程质量验收标准》等文件,将教材分为7个项目、33个学习任务。本书是按照"知行合一、工学结合,以学习者为中心、学习成果为导向、促进自主学习"的编写理念,基于建筑装饰施工员岗位(群)核心职业能力要求,编写的模块化、任务驱动式新形态一体化教材。教材强调"理实一体、学做合一",贯穿"教学做一体化"教学模式设计全过程。创新教材编写体例,强化"学习资料"功能,注重学生实践技能和应用能力的培养,体现高职课程特色。

二、内容特色

编者结合第1版教材的使用反馈,并总结多年的教学经验,在教材内容编写及体例设计等方面进行了改进,主要体现在以下几个方面:

1. 思政元素与教材内容有机融合。教材内容贯彻落实党的二十大精神,推动绿色发展,促进人与自然和谐共生;把绿色低碳、高质量发展有机融入6个装配式装修典型案例中,便于学习者更好地理解建筑装饰行业绿色发展方式;围绕数字装饰助力中国建造,突出数字装饰技能、绿色装饰技能人才培养;将工匠精神、法治观念、质量意识等融入33个学习任务中,注重立德树人,培育德技并修的新时代工匠。

2. 教材内容"实",产教融合、校企"双元"育人。以省级教学名师、建筑装饰企业总工等组建教材编写团队,根据建筑装饰施工员岗位群技能要求、职业标准,与行业专家共同选取吊顶工程、墙面工程、门窗工程等7个贴近生产实际的项目,将建筑装饰行业的岗位技能要求、职业标准、新知识、新技术、新工艺、新方法融入教材,服务建筑装饰行业转型升级。

3. 教材结构设计突出项目引领、任务驱动,实现以"做"为引领的"教学做合一"教材。教材编写采用项目化、任务式结构,将理论知识与技能训练相结合,侧重职业性、实用性,充分反映本课程的理念要求;每个学习任务包含"做一做""想一想""任务拓展",体现"教学做一体化"根本特征。

4. 教学资源丰富,实现教材的形象化、动态化、可视化。本教材是国家职业教育建筑装饰工程技术专业教学资源库配套教材,同步配套山东省职业教育在线精品课程"建筑装饰施工技术",资源建设坚持装饰施工内容图解化思路,开发微课、虚拟仿真、动画、PPT、施工视频等数字资源,内容直观形象,将数字资源与教学重难点通过二维码实现链接,让学习者轻松掌握装饰装修的重难点,对真实施工现场操作具有指导意义。

5. 新形态一体化教材,打造智慧课堂教学。采用"纸质教材+数字教程"的出版形式,实现线上、线下混合式教学,以新颖的留白编排方式,突出资源导航,扫描二维码即可观看微课、动画等数字资源,随扫随学,突破传统课堂教学的时空限制,可开展课前、课中、课后的移动学习,打造智慧课堂教学。

三、学习技巧

1. 观察与思考。教材内容与我们的生活环境密切相关,要多留意身边的装饰装修工程,包括装饰过程中所使用的材料、机具、装饰构造及施工工艺。平时应多去装饰材料市场了解材料的种类、品牌、价格等,提高从生活中获取知识的能力。

2. 记忆与借鉴。很多参考书在建筑装饰空间部位的处理方式、构造、施工工艺等方面都有好的做法,学习者要理解并记忆构造、施工的做法,当遇到类似的做法时,已有了初步印象作为基础。

3. 动手与应用。在日常学习过程中要多看图集,通过抄绘装饰构造节点,掌握构造节点表示方式;结合施工质量规范编写每个任务的施工方案;根据教材配套的微课、虚拟仿真、图片等资源深入理解构造与施工的重难点;认真完成本教材的作业、实训任务,提高自己的实践技能。

本书由威海职业学院(威海市技术学院)董远林任主编,在编写过程中,参考了许多文献资料,引用了标准图集中的构造节点和装饰实例,在此向文献的作者致谢。同时感谢北京中望数字科技有限公司提供的虚拟仿真资源。

由于编者水平有限,且时间仓促,书中难免有不妥之处,恳请广大读者批评指正。

编者

2023 年 5 月

编写理念

随着生活水平的逐步提高,人们对居住环境品质的要求越来越高,建筑装饰装修的内容一定程度上直接决定生活环境的品质。本书内容根据高等职业教育建筑装饰工程技术专业教学基本要求,严格按照《建筑装饰装修工程质量验收规范》,以新材料、新工艺、新技术的应用为重点,详细介绍建筑装饰装修工程相关项目施工前准备、装饰构造、施工工艺及质量验收。各项目设置若干学习任务,每个学习任务包括"任务目标、任务描述、任务实施、任务拓展"渐进式的学习步骤,将"想一想""做一做"融入学习步骤中,充分体现了"做中教、做中学"的教学理念。

内容特色

本书在内容编写及体例设计上与传统教材有很大的区别,主要体现在以下几个方面:

1. 任务驱动式教学。每个项目下面有多个具体的学习任务,教学设计上突出"以真实的工程任务为主线、教师为主导、学生为主体",写作体例包括任务引入、任务步骤实施等,能够激发学生主动参与学习的积极性,培养学生分析问题、解决问题的能力,提高学生自主学习及与他人协作的能力。

2. 做中教、做中学。每个任务有明确的学习目标,通过创设学习情境,设置任务学习过程中的问题,实现"教、学、做一体化"教学,按照由简单到复杂的认知规律,施工过程图解化,通过扫描二维码登录建筑装饰工程技术专业教学资源库,进入拓展资源深入学习。

3. 新形态一体化教材,资源丰富。本书为国家职业教育建筑装饰工程技术专业教学资源库配套教材,将装饰构造与施工技术作为重点内容,辅以微课、虚拟仿真动画、图片等多种辅教助学资源,内容直观形象,让学习者轻松掌握装饰装修的重点、难点,对真实施工现场操作具有指导意义。

学习技巧

1. 观察与思考。建筑装饰构造与施工与我们的生活密切相关,要注意留意身边装饰装修工程,包括装饰过程中所使用的材料、机具以及如何进行施工。平时应多去装饰材料市场了解材料的种类、品牌、价格等,学会从生活中获取知识的能力。

2. 记忆与借鉴。很多参考书在建筑装饰空间的不同部位的处理方式及构造、施工工艺等方面都有好的做法,学习者要理解且记忆构造、施工的做法,当遇到类似的做法时,已经有了初步印象。

3. 动手与应用。在学习过程中,要通过抄绘装饰构造节点,注意构造节点如何表示;结合施工质量规范编写每个项目的施工方案,根据教材配套的微课、虚拟仿真动画、图片等认真理解构造与施工的重点、难点;认真完成本教材的作业、实训任务,提高自己的实践技能。

本书由威海职业学院董远林编著,在编写过程中,参考了同类文献资料、专著等,引用了部分标准图集中的构造节点和装饰实例,在此向文献的作者致谢。同时还要特别感谢广州中望龙腾软件股份有限公司无私奉献的大量虚拟仿真资源。

由于编者水平有限,限于时间仓促和经验不足,书中难免有不妥之处,恳请广大读者批评指正。

编著者

2017 年 5 月

目 录

项目一

建筑装饰构造与施工概述

建筑装饰装修感性认知

素养提升

绿色低碳的装配式装修

想一想：

1. 生活中见到过哪些工程部位属于建筑装饰施工的内容?

2. 你能想到的建筑施工企业的岗位有哪些? 你将来打算从事何种岗位工作?

一、建筑装饰设计、施工阶段划分

建筑装饰装修设计、施工阶段划分,如图 1.0.1 所示。

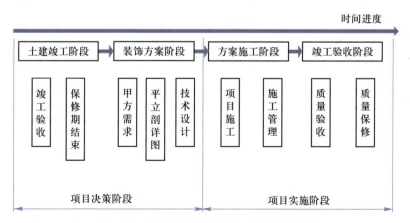

图 1.0.1　建筑装饰装修设计、施工阶段划分

（1）土建竣工验收：是建筑装饰装修的基础，建设质量直接影响后期装饰施工。

（2）土建保修期：在此过程中，需要设计方、施工方、监理方等各方互相配合，同时在设计阶段或施工阶段，还需要设计方或施工方不同专业人员之间相互配合。

（3）甲方需求：装饰装修设计、施工的核心是围绕甲方需求，包括风格、功能空间等。

（4）平立剖详图：根据甲方需求，绘制施工方案图，是装饰方案阶段的核心内容。

（5）技术设计：是对平立剖详图进行深入设计的阶段，包括暖通、电气、给排水等。

（6）项目施工：按照干、湿作业施工顺序，完成装饰项目分项内容。

（7）施工管理：配合项目施工，进行施工作业管理，包括材料进场顺序等。

（8）质量验收：根据建筑装饰装修施工质量验收标准，对装饰分项工程进行分步、竣工验收。

（9）质量保修：对完成后的装饰工程项目在一段时间内进行保修。

二、专业岗位介绍

从建筑装饰设计、施工阶段划分来看，建筑装饰专业的学生主要面向的岗位群包括：装饰施工管理、建筑装饰设计、建筑装饰预算、建筑装饰监理等。

阅读
装饰施工阶段

> **做一做：**
>
> 阅读本书的目录，结合知识导入部分的相关知识点、本课程项目及任务的主要内容，了解建筑装饰施工阶段的内容。

 装修讲堂

中国装修史的演变

在中华民族几千年的历史长河中，室内装饰装修的发展是人们不断适应空间、改造空间、创造空间的过程，是人类进步的历程。自原始社会至今，不同时期的装饰呈现了不同的特点：

原始社会的干阑式建筑、木骨泥墙房是人类最早期的建筑形式，室内已有方形和圆形两种简单的平面结构，已经意识到空间分隔和装饰美化，墙壁上通过刻画的方式进行装饰，有功能性的粗浅区分。

商周时期的宫廷建筑扩大了室内空间的内涵，并有着"前堂后室""前朝后寝"的明确清晰功能分区，建筑空间秩序井然、严谨规整，宫室里装饰着朱彩木料、雕饰白石等。

秦汉时期的建筑规模恢宏大气，开始用丝织品做成的帷幔、帘幕进行空间的灵活分隔与遮蔽，增加了室内环境的装饰性，室内家具丰富多样，主要包括几案、箱柜、屏风、床榻等。

唐宋时期的建筑结构与装修完美结合，色彩丰富，装饰风格秀雅、简练、生动、严谨，体现出一种厚实的艺术风格；空间设计开始进入以家具为设计中心的陈设装饰阶段，家具形式反映了当时已普及的垂足坐的习惯，家具设计多样化。

明清时期的建筑和空间设计发展达到了新的高峰,空间具有明确的指向性,针对使用对象的不同而具有一定的等级差别;空间讲究层次感,陈设更加丰富和艺术化,室内隔断多用隔窗、屏风来分割。

中国几千年的文化一脉相承,严谨的整体布局和古雅的审美情趣是各个时代的主旋律。

任务1 建筑装饰装修基本知识认知

任务目标

通过本任务的学习,达到以下学习目标:

1. 以建筑装饰装修规范为准绳,强化学生遵守规范与标准的习惯,培养学生法治精神。

2. 掌握建筑装饰装修的主要概念及作用。

3. 理解建筑装饰装修的主要流程。

课件
装饰基本知识认知

4. 了解建筑装饰行业发展,培养学生的职业自豪感和民族自豪感。

任务描述

● **任务内容**

通过观察图 1.1.1 建筑装饰装修图,说出哪些施工内容属于建筑装饰装修范围,总结出建筑装饰装修概念、设计施工过程及作用。以小组为单位,要求采用课件汇报,通过图文并茂的方式,必要时可采用视频展示。

● **实施条件**

1.《住宅装饰装修工程施工规范》《建筑装饰装修工程质量验收标准》《建筑内部装修设计防火规范》等规范、手册。

2. 前期建筑装饰公司、装饰材料市场调研。

相关知识

一、建筑装饰装修范围

按照建筑装饰装修施工顺序,建筑装饰装修主要包括的范围如表 1.1.1 所示。

二、建筑装饰装修的定义

为保护建筑物的主体结构、完善建筑物的使用功能和美化建筑物,采用装饰装修材料或饰物,对建筑物的内外表面及空间进行的各种处理过程称为建筑装饰装修,建筑装饰装修工程是建筑设计的延伸,是空间的二次创造和完善。

图 1.1.1　建筑装饰装修图

表 1.1.1　建筑装饰装修的范围

装修范围	施工目的
顶棚	隐藏空调管等管道,美化室内环境
内外墙、柱面	保护建筑主体,满足使用及美化功能
地面	满足易清理、耐冲击、防滑等功能
楼梯	满足安全、装饰功能
门窗	改善隔声、采光等功能

> 想一想:
>
> 建筑装饰装修的本质功能是满足使用功能还是美化功能?

三、岗位调研

1. 装饰装修过程

通过对本专业岗位群调研,结合建筑装饰装修的定义,可将建筑装饰装修划分为"建筑装饰装修设计"和"建筑装饰装修施工"两个过程,如表 1.1.2 所示。

2. 装饰装修作用

建筑装饰装修工程是在已经建立起来的建筑实体上进行装饰的工程,包括建筑内外装饰装修和相应设施的配置,主要作用包括:

表1.1.2　建筑装饰装修设计及施工内容

序号	项目	主要内容
1	装饰装修设计	（1）方案设计。根据甲方要求,完成建筑装饰平立剖详图等图纸设计,主要是艺术和功能的设计,是对原建筑的完善和深化,是建筑空间的再设计和再加工。 （2）技术设计。为实现方案设计的各项效果而进行的各种技术细节的设计,包括各类装饰材料的选用、装饰装修的构造设计及配电、智能、消防、暖通、节能、安保及施工技术的方案设计
2	装饰装修施工	（1）实现装饰装修设计的效果,完成装饰装修工程施工的组织与管理。 （2）根据国家或地方的施工验收规范,进行各项技术工种的具体施工流程和施工工艺

（1）保护建筑的主体结构,提高建筑结构的耐久性(图1.1.2)。

通过装饰构造设计和材料选择,对建筑结构表面进行装修处理,使建筑结构免受风霜雨雪以及室内潮湿环境的直接侵袭

图1.1.2　保护建筑结构

（2）完善建筑物的功能,满足建筑物的使用要求(图1.1.3)。加强和改善建筑物的热工、声响、光照等物理性能,提高保温隔热的效果,并结合防火、防盗、防震、防水等各种安全措施的完善,优化人们生活和工作的物质环境。

（3）协调建筑结构与设备之间的关系(图1.1.4)。

（4）美化建筑的内、外环境,增强建筑的艺术效果(图1.1.5)。建筑装饰装修是构成建筑艺术和环境美化的重要手段与主要内容,拥有空间序列、比例、尺度、色彩、质地、线型和样式等丰富的建筑艺术语言,还能融合绘画、雕塑、工艺美术、园艺、音响等其他艺术及现代科技成果,

图1.1.3　满足使用要求

其艺术效果和所形成的氛围,影响着人们的审美情操,甚至影响人们的意志和行动。

建筑物内部的管线、设备通过装饰装修施工，
达到满足使用功能和美化空间的双重作用

图1.1.4　协调结构与设备关系　　　　图1.1.5　玻璃砖的美化功能

想一想：
　　1.举例说明建筑装饰装修的其他功能。
　　2.隔墙中采用岩棉能满足建筑物的哪些使用功能？

四、查找规范手册

1. 装饰装修相关规范

　　建筑装饰装修工程的质量验收标准和规范是建筑装饰装修工程施工技术上和法律上的指南。国家发布了一系列的标准和规范，归纳起来有三类，如表1.1.3所示。

表1.1.3　建筑装饰装修相关标准和规范

序号	规范系列	标准和规范名称
1	直接的工程验收规范	GB 50210—2018《建筑装饰装修工程质量验收标准》 GB 50327—2001《住宅装饰装修工程施工规范》
2	专项的工程验收规范	GB 50222—2017《建筑内部装修设计防火规范》 GB 51348—2019《民用建筑电气设计标准》
3	环境保护方面的规范	GB 18580—2017《室内装饰装修材料　人造板及其制品中甲醛释放限量》 GB 18581—2020《木器涂料中有害物质限量》 GB 18582—2020《建筑用墙面涂料中有害物质限量》 GB 18583—2008《室内装饰装修材料　胶黏剂中有害物质限量》 GB 18584—2001《室内装饰装修材料　木家具中有害物质限量》 GB 18585—2001《室内装饰装修材料　壁纸中有害物质限量》

续表

序号	规范系列	规范名称
3	环境保护方面的规范	GB 18586—2001《室内装饰装修材料　聚氯乙烯卷材地板中有害物质限量》 GB 18587—2001《室内装饰装修材料　地毯、地毯衬垫及地毯胶黏剂有害物质释放限量》 GB 50325—2020《民用建筑工程室内环境污染控制规范》

2. 建筑装饰装修的要素关系

建筑装饰装修施工是根据设计师在设计图样上所表达的意图,采用各种装饰材料,通过一定的施工工艺、机具设备等手段使设计意图得以实现的过程。其中,设计、材料、施工、验收是建筑装饰装修的四要素,它们是互相制约、相辅相成的关系。方案设计和技术设计是建筑装饰装修工程施工和验收的依据;材料是建筑装饰装修工程设计和施工的物质基础;施工是建筑装饰装修设计方案实现的途径;验收是建筑装饰装修工程的质量保证手段。可见,四个要素对建筑装饰装修工程来说是缺一不可的。

任务拓展

● 课堂训练

根据任务 1 的工作步骤及方法,利用所学知识,认真填写装饰装修具体功能。

序号	任务名称	装饰装修内容	装饰装修具体功能
1	吸声板		
2	地毯		

答案
课堂训练

续表

序号	任务名称	装饰装修内容	装饰装修具体功能
3	岩棉		
4	木地板		

● 学习思考

留意身边的装饰装修项目内容，与组内同学交流对装饰装修的认识。

任务 2　建筑装饰材料基本知识认知

任务目标

通过本任务的学习，达到以下目标：

1. 通过对装饰材料市场的调研，理解装饰材料发展的新趋势，培养自主学习、分析归纳问题的能力。

2. 了解建筑装饰材料的分类。

3. 理解建筑装饰材料的作用。

4. 掌握建筑装饰材料选择的方法，培养学生工程质量意识。

任务描述

● 任务内容

查找相关资料，归纳吊顶、墙柱面、地面主要装饰材料；分析选择关联装饰材料的作用;如何根据装饰装修内容选择适合的装饰材料;分析建筑装饰材料未来的发展趋势。

● 实施条件

1.《建筑室内装饰工程设计施工详细图集》等相关建筑标准设计图集。

2. 建筑装饰材料市场调研(如建筑装饰材料品种、规格、价格、适用范围)。

相关知识

一、认识装饰材料

1. 归纳定义

建筑装饰材料也称为饰面材料,一般是指主体结构工程完成后,进行室内外墙面、顶棚、地面和室内空间装饰所用的材料。

2. 建筑装饰材料的分类

(1) 按材料的化学性质分类如表1.2.1所示。

表 1.2.1　装饰材料按化学性质分类

种类	品种举例
有机材料	塑料、有机涂料、木材等
无机材料	无机矿物制品、石材、陶瓷、玻璃、不锈钢、铝等
复合材料	人造石材、铝塑板、真石漆等

(2) 按装饰部位分类如表1.2.2所示。

表 1.2.2　装饰材料按装饰部位分类

装饰部位	种类	品种举例
内墙装饰	墙面涂料	墙面漆、有机涂料、无机涂料、复合涂料
	墙纸	纺织物壁纸、天然材料壁纸、塑料壁纸
	墙布	玻璃纤维墙布、麻纤无纺墙布、化纤墙布
	装饰板	木质装饰人造板、树脂浸渍纸高压装饰层积板、塑料装饰板、金属装饰板、矿物装饰板、陶瓷装饰壁画、穿孔装饰吸声板
	石材	天然大理石、天然花岗岩、人造大理石
	墙面砖	陶瓷釉面砖、陶瓷锦砖、玻璃马赛克
地面装饰	地面涂料	地板漆、水性地面涂料、乳液型地面涂料、溶剂型地面涂料
	木、竹地板	实木地板、实木复合地板、强化复合地板、竹质地板
	地面砖	水磨石预制地砖、陶瓷地面砖、马赛克地砖
	塑料地板	印花压花塑料地板、发泡塑料地板、塑料地面卷材
	地毯	纯毛地毯、混纺地毯、化纤地毯、塑料地毯、植物纤维地毯
吊顶装饰	塑料吊顶板	钙塑装饰吊顶板、玻璃钢吊顶板、有机玻璃板
	木质装饰板	木丝板、软质穿孔吸声纤维板、硬质穿孔吸声纤维板
	矿物吸声板	珍珠岩吸声板、矿棉吸声板、石膏吸声板
	金属吊顶板	铝合金吊顶板、金属微穿孔吸声吊顶板

（3）按材料的燃烧性能分类有如下几种：

① A 级材料。指不燃性材料，如石材、水泥制品、混凝土制品、玻璃、瓷砖、钢铁、铝合金、铜合金等。

② B1 级材料。指难燃性材料，如纸面石膏板、纤维石膏板、水泥刨花板、矿棉装饰吸声板、玻璃棉装饰吸声板、珍珠岩装饰吸声板等。

③ B2 级材料。为可燃性材料，如各类天然木材、木制人造板、竹材、纸制装饰板、装饰微薄木贴面板、印刷木纹人造板、塑料贴面装饰板等。

④ B3 级材料。为易燃性材料。

二、装饰材料的作用

（1）保护建筑物结构。室内装饰材料的使用，使装饰面层的外部形成一层保护膜，对装饰界面起到保护作用，使之不受外界阳光、水分等自然条件和各种不利因素（例如刻划、碰撞、油污、氧化等）的影响，达到防潮、保温、隔热的效果，延长建筑物的使用寿命。

（2）满足建筑空间使用功能的需要。对室内空间中众多界面的面层装饰，起到了空间的划分作用，同时满足不同空间的使用功能，对墙面、地面、顶面的装饰，使人们在空间中可以更好地生活、学习、工作、娱乐。

（3）改善和美化室内空间环境。装饰材料最大的作用就是改善美化环境，通过材料的质感、色彩及线条等元素的合理运用可以产生不同的装饰效果，可以展现某种意境，弥补空间的某些不足，改善和美化室内环境，以满足人们对环境的需求。

三、掌握装饰材料的选择方法

为确保建筑装饰装修的设计效果和工程质量，选择建筑装饰材料需要考虑以下五方面的因素。

1. 建筑物的类型和档次

例如，花岗岩镜面板耐磨、装饰效果好，一般适合高级宾馆及大型商场人流较多的公共部位；而一般住宅的客厅，较适合铺设陶瓷地砖；一般的办公室，适合铺设塑料地板。

2. 建筑装饰材料的装饰要素

（1）材料的颜色。材料的颜色丰富多彩，不同的颜色可以给人不同的心理感受（图 1.2.1）。

红色、橘红色给人温暖、热烈的感觉

绿色、蓝色给人宁静、清凉的感觉

图1.2.1　材料的颜色

（2）材料的质感。材料的质感是指材料本身具有的材质特征，或材料表面由人为加工至一定程度而造成的表面视感和触感，如表面粗细、软硬、手感冷暖、纹理构造等（图1.2.2），材料的不同质感均会对人们的心理产生影响。

坚硬而表面光滑的材料一般具有结实、细腻的质感，
显得整洁、严肃和有力

松软而有弹性的材料通
常给人以柔顺、温暖、舒适
的质感

图1.2.2　材料的质感

（3）材料的线型。材料的线型是指一定的分格缝和凹凸线条（图1.2.3）。

灯池的石膏线条、墙面造型等满足装饰立面在比例、尺度上的需要，体现线型装饰的要求

图1.2.3　材料的线型

3. 建筑装饰材料的耐久性

根据每种装饰材料的特性以及不同的使用条件，合理地选择装饰材料，保证其使用年限。对于高层建筑外墙及处于重要位置的建筑，其耐久性要求高，就必须选用耐久性好的材料。

4. 建筑装饰材料的经济性

建筑装饰材料的费用占建设项目总投资的比例往往高达二分之一,甚至三分之二。装饰设计时应从经济角度审视装饰材料的选择,充分利用有限的资金取得最佳的使用和装饰效果,做到既能满足装饰场所目前的需要,又能考虑到今后场所的更新变化,在关键部可加大投资,以延长使用年限,保证总体上的经济性。

阅读
如何选择装饰材料

想一想:

1. 观察周边事物,举例说明建筑装饰材料与质感的关系。
2. 选择建筑装饰材料有哪些注意事项?

做一做:

利用课外时间调研建筑装饰材料市场,总结纸面石膏板的常见规格、品牌、价格及主要使用部位。

四、了解装饰材料发展趋势

1. 从单一功能向多功能性发展

随着市场需求的不断升级,过去单一的装饰材料,已逐渐被多功能性的材料所取代。如过去涂料只能起涂饰保护作用,现在有些涂料除了涂饰保护作用外,还具有杀虫、发光、防火等功能;有些装饰材料除了能修饰美化墙体或顶棚外,还具有隔声、吸声、防水功能;有些复合材料具有独特的装饰效果,同时兼具保温绝热、隔声、耐磨、防结露等多种功能,如镀膜玻璃、中空玻璃、热反射玻璃等。

2. 向绿色、生态型发展

微课
室内空气中甲醛浓度检测

现代装饰材料提倡"环境保护和生态平衡",在材料的生产和使用过程中,尽量节省资源和能源,符合可持续发展的原则。要求装饰材料不产生或不排放污染环境、破坏生态的有害物质,减轻对地球和生态系统的负面影响,对环境保护和生态平衡具有一定的积极意义,并能为人类构筑温馨、舒适、安全、健康的生活环境。如现代装饰材料中无毒害、无污染、无异味的水性环保型油漆及各种利用木材加工中的废料、采伐剩余物或其他植物秸秆加工而成的人造木质装饰板等。

3. 向大规格、质量轻、强度高发展

现代建筑日益向框架型、超高层发展,对材料的自重、规格、强度等都相应有了新的需求。从装饰材料的用材及规格尺寸层面来看,发展的趋势是规格越来越大,质量越来越轻,且强度越来越高。如大规格的玻化墙地砖、人造大理石、铝合金型材、中空玻璃、夹层玻璃、蜂窝装饰板等这样的轻质高强材料备受青睐。

4. 从现场制作到装配式发展

过去的室内装饰工程绝大部分工程量都是在现场制作安装,特别是有些湿作业,劳动强度大、费时费工、对环境的污染程度大。不但不经济,且工程质量难以保证,显然已不适应现代装饰施工技术的发展需要。现在有很多装饰材料都是预先在工厂加工好,现场只需安装即可。如目前的厨房家具一体化,各种饰面装饰门窗,吊顶用轻钢

龙骨及其配套的各种装饰板材等。

5. 向智能化发展

现代装饰材料正努力向智能化方向发展,如现代公共环境设计中的消防联动智能化设计,遇到火灾时,电子烟感器、温感器会通知大楼控制中心及所属地区消防中心;同时,消防喷淋头会自动打开,消防卷帘门会自动落下,电梯会自动迫降至一层,消防门会自动开启,出入口保持打开状态,形成安全通道。

任务拓展

● 课堂训练

通过市场调研,搜集相关资料,填写图中所使用的建筑装饰材料名称、规格、价格(依据当地主流装饰材料而定)。

序号	功能部位	装饰装修内容	主要装饰材料名称、规格、价格
1	吊顶		
2	隔墙		
3	地面		
4	板材		

答案
课堂训练

● 学习思考

观察周围的建筑装饰情况,试说出所用的材料品种、价格、常用规格。

任务 3　建筑装饰构造基本知识认知

任务目标

课件
装饰构造基本知识
认知

通过本任务的学习,达到以下目标:

1. 理论与实践相结合,掌握装饰构造设计原理,创新建筑装饰构造做法,培养学生创新精神。

2. 掌握建筑装饰构造的概念。

3. 理解建筑装饰构造与工程质量的关系,培养学生工程质量意识。

任务描述

● 任务内容

观察图 1.3.1 所示墙立面图的组成,试分析该图都需要绘制哪些部位装饰构造做法,归纳绘制建筑装饰构造图的原因,装饰构造及详图构造包括哪些基本要素。

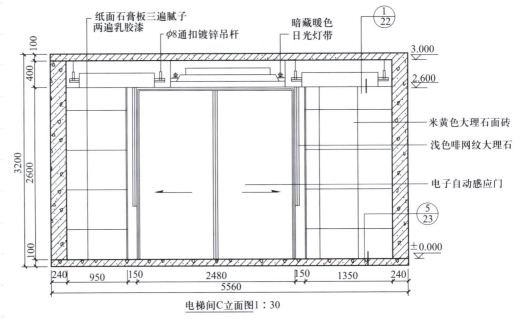

电梯间C立面图1:30

图 1.3.1　墙立面图

● 实施条件

1.《建筑室内装饰工程设计施工详细图集》等相关建筑标准设计图集。

2. 某项目完整建筑装饰施工方案一套。

3. 建筑装饰材料市场调研。

相关知识

一、了解装饰构造的类型

1. 建筑装饰构造的定义

建筑装饰构造是指建筑装饰装修设计的结构方案、材料选择和施工方法,即建筑装饰装修方案的施工图设计,是装饰装修工程实施的重要手段。

2. 建筑装饰构造的类型

建筑装饰构造按其形式可分为三类:饰面类构造、配件类构造和结构类构造。

(1)饰面类构造(图1.3.2)。饰面类构造又称为覆盖式构造,即在建筑构件表面再覆盖一层面层,对建筑构件的表面起保护和美化作用。要解决的技术问题是处理好饰面层与基层的连接构造方法。例如,在墙体表面裱糊壁纸,在钢筋混凝土楼板下做吊顶,在钢筋混凝土楼板上铺地砖等均属饰面构造。其中,壁纸与墙体之间的连接、吊顶棚与楼板结构层之间的连接、地砖与楼板结构层之间的连接等均属处理两个面结合的构造。

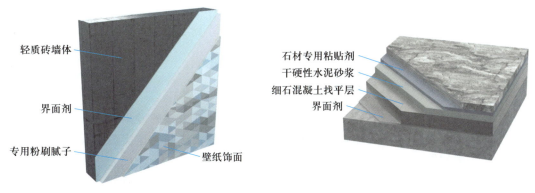

图1.3.2　饰面类构造

(2)配件类构造(图1.3.3)。配件类构造又称为成型构造,是将装饰制品或半成品在施工现场加工组装后,安装于建筑装饰部位。要解决的技术问题是材料的成型和组合问题。配件的安装方式主要有粘接、榫接、焊接、钉接等。

图1.3.3　配件类构造

（3）结构类构造（图1.3.4）。结构类构造是指采用装饰骨架,将表面装饰构造层与建筑主体结构或框架填充墙连接在一起的构造形式。要解决的技术问题是处理好建筑主体与装修隐蔽部分的连接构造。结构类骨架按受力特点不同分为竖向支撑骨架（如架空式木楼地面的龙骨骨架）、水平悬挂骨架（如墙面骨架、隔墙骨架）和垂直悬吊骨架（如吊顶龙骨骨架）。

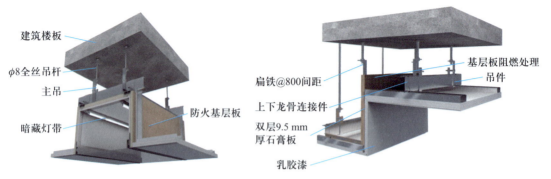

图1.3.4   结构类构造

做一做：

　　将图1.3.1所示墙立面图进行分析,通过小组讨论的方式找出需要绘制哪些建筑装饰节点构造图。

二、熟知装饰构造设计原则

（1）服从原则。构造设计的目的是为了实现方案的效果,因此,方案设计是构造设计的依据,构造设计必须服从方案设计,想方设法完美地实现方案设计者所设想的艺术效果。

（2）规范原则。构造设计是施工命令,构造设计图本身应该高度规范。各项设计表达和图例应符合国家相关的制图标准和规范。

（3）可行性原则。构造设计方案必须是可以进行现实施工的,因此设计时必须考虑三个方面要求:首先,要根据材料的使用部位和作用,选择不同性能的材料;其次,要运用现实可行的施工工艺,全面考虑施工条件;最后,要考虑合理的性价比,即要根据工程的造价和经济性,合理选用合适的材料和合适的施工工艺。

（4）安全、环保原则。构造设计方案要保证其在施工阶段和使用阶段的安全性、耐久性、环保性。在设计和实施过程中要充分考虑建筑构件自身的强度、刚度和稳定性;要考虑装饰构件与主体结构的连接安全;要考虑主体结构的安全,并保证装饰构造的耐用,以达到合理的使用年限。

（5）可持续性原则。在人们更加注重生活品质和追求生活质量的今天,对室内外材料及构造的选择显得尤为重要,尤其是节约能源、节约资源、环保减污,以及对材料和构造循环利用与可持续发展的要求,成为装饰构造设计面临的新课题和长期发展的方向。

（6）美观的原则。装饰装修的一个主要目的就是美观,因此构造设计不仅要造型形式美观、色彩搭配悦目协调、肌理搭配舒适得当、衔接收口自然得体,还要与整体设计风格统一协调。

（7）创新性原则。创新是各类设计永恒的主题,构造设计的创新目的是如何使构造形式更新颖、造型更美观、结构更牢固、造价更经济、施工更方便、使用更舒适。

三、确定装饰构造部位

为了保证建筑装饰方案的顺利施工,建筑装饰装修构造节点是非常重要的。其中,对于重要的工程部位,而在建筑装饰立面图当中无法将其重要部位的尺寸及材料充分体现出来,这时就要绘制建筑装饰构造节点。根据图1.3.1墙立面图,绘制完成两个建筑装饰构造节点图,如图1.3.5所示。建筑装饰构造节点图包括细部尺寸、材料、相关工艺、图名、比例、线宽的设置等因素。

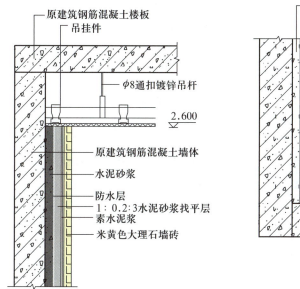
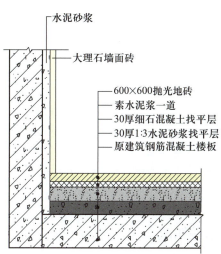

图1.3.5　节点详图

想一想:
1. 确定图1.3.5所示墙立面中节点详图都适用哪些原则。
2. 确定图1.3.5所示节点详图的方法是什么。

任务拓展

● 课堂训练
1. 建筑装饰构造的主要类型有_____、_____、_____。
2. 建筑装饰构造设计原则主要包括_____、_____、_____、_____、_____、_____、_____。

● 学习思考

对于一个立面图,需要绘制哪些部位的构造图并说出原因。

任务4　建筑装饰施工基本知识认知

任务目标

● 课件
建筑装饰施工基本知识

通过本任务的学习,达到以下目标:
1. 理解装饰施工原则,能对施工方案提出优化措施,培养工程思维及创新意识。
2. 掌握建筑装饰施工的概念及施工范围。
3. 熟悉建筑装饰施工的发展趋势,培养环保意识及科学精神。

任务描述

● 任务内容

建筑装饰构造设计完成后,根据建筑装饰构造设计方案进行建筑装饰施工,归纳建筑装饰施工的主要内容,并分析建筑装饰施工技术发展趋势。

● 实施条件

1.《建筑室内装饰工程设计施工详细图集》等相关建筑标准设计图集。
2.《建筑装饰装修工程质量验收标准》(GB 50210—2018)。

相关知识

一、认识建筑装饰施工类型

1. 建筑装饰施工定义

● 动画
非承重墙拆除施工

以已确定的装饰装修设计方案图、施工图规定的设计要求为依据,用科学的流程和正确的技术工艺,实施装饰装修工程内容的活动,并对建筑装饰施工活动完成结果进行质量验收的整个过程称为建筑装饰施工。

建筑装饰构造与施工包括建筑装饰装修构造与建筑装饰装修施工两部分,施工部分重点是工艺流程和施工工艺,即将建筑装饰设计方案变成现实的技术问题,具体内容如表1.4.1所示。

表1.4.1　装饰装修施工内容

施工内容	说明
施工流程	施工流程,即工程实施的科学程序,是施工过程中应该先做什么,后做什么的问题
施工工艺	施工工艺,即工程实施的科学技术方法。施工的技术要点是什么,施工需要注意什么问题,完成后的施工质量是否达到国家标准和规范的要求

续表

施工内容	说明
施工类别	水泥类、石膏类、陶瓷类、石材类、玻璃类、塑料类、裱糊类、涂料类、木材类、金属类等
施工方法	抹、刷、涂、喷、滚、弹、铺、贴、裱、挂、钉、焊等
施工工种	水电工、瓦工、木工、漆工、玻璃工、金属工、设备安装工等

2. 建筑装饰施工的范围

建筑装饰施工包含了人们生活环境的范围,一切影响生活环境的各种因素都需要进行设计、装饰,具体的施工范围主要包括:

(1)根据建筑使用类型分类。建筑物根据不同的使用类型可划分为民用建筑、工业建筑、农业建筑和军事建筑等。与人们生活密切相关的建筑装饰主要集中在住宅、商场、酒店、影院等。随着国民经济的发展及工程技术的要求,装饰装修工程已经渗透到了其他建筑类型中。

(2)根据施工的部位分类。建筑装饰装修施工的部位,可以分为室外和室内两大部分。室外装饰装修部位有地面、墙面、门窗、屋顶、檐口、雨篷、台阶等;室内装饰装修部位有吊顶、墙柱面、地面、楼梯等部位。

(3)根据施工的项目分类。按照《建筑装饰装修工程质量验收标准》(GB 50210—2018),将建筑装饰装修施工项目划分为抹灰工程、门窗工程、吊顶工程、轻质隔墙工程、饰面板(砖)工程、幕墙工程、涂饰工程、裱糊与软包工程、细部工程、分部工程等共10个工程项目,基本上包括了装饰装修施工所涉及的项目。

(4)根据装饰功能分类。建筑装饰装修施工要满足不同功能需求,例如室内乳胶漆的选择,除了达到保护墙面功能外,还可根据室内不同空间选择不同的颜色,满足人们的使用和美化功能,只有将两者相结合,建筑装饰装修施工才能充分发挥其应有的作用。

做一做:

　　根据以上所学知识点,观察所在教室室内装饰装修的相关情况,通过小组讨论的形式,根据施工的部位说出装修范围包括了哪些内容。

二、熟知装饰施工原则

建筑装饰工程施工是工程质量的重要基础,建筑装饰施工要遵循以下原则:

(1)安全原则。装饰构件安全:建筑装饰施工要求装饰构件自身的强度、刚度和稳定性,装饰构件与构件的连接,以及装饰构件与主体结构的连接保证安全。防火安全:建筑装饰工程施工中要严格按照《建筑内部装修设计防火规范》(GB 50222—2017)要求,其中,对于建筑装饰工程中装饰材料的选用和防火措施等都做了详细规定。环保安全:建筑装饰施工中,避免有害气体、放射性物质等,如国家发布了《室内装饰装修材料　人造板及其制品中甲醛释放限量》等多种环境保护方面的规范。

(2)使用原则。建筑装饰施工要满足人们生活多样化的要求,对建筑进行装饰应正确分析建筑物的功能要求,如声、光、热等。不同的部位要采用不同的装饰材料、装饰构造做法,保证建筑装饰施工的使用要求。

（3）可行性原则。建筑装饰施工是将方案设计图纸转化为装饰施工对象,因此建筑装饰工程施工要选择设计合理的施工方案,选择既能满足设计意图,又能提高施工效率的装饰工艺及做法。

（4）经济性原则。不同的建筑物由于使用性质、使用对象及甲方出资的不同,建筑装饰造价差异很大,即使是同一建筑,由于装饰材料、方案设计、施工工艺不同,装饰的造价也相差较大。合理把握造价是建筑装饰工程应该考虑的问题。根据装饰工程的标准、方案及使用者经济条件选择合理的材料及工艺,一般在装饰施工过程中,中低档价格的装饰材料使用最多,高档价格的材料多用于空间点缀。

三、装饰施工技术发展趋势

自改革开放以来中国建筑装饰行业发展迅速,逐步发展成为一个专业化领域,主要包括公共建筑装饰装修、住宅装饰装修和幕墙工程三大部分。建筑装饰行业主要经历了4个阶段:快速起步期（1978—1988 年）、震荡期（1989—1993 年）、稳步发展期（1994—2000 年）、快速发展期（2005 年至今）,当前中国建筑装饰企业工艺技术已达到国际领先水平,例如表 1.4.2、图 1.4.1 所示的石材干挂技术、点支式玻璃幕墙技术等。

表 1.4.2　干挂石材幕墙主要挂件

名称	挂件图例	干挂形式	适用范围	名称	挂件图例	干挂形式	适用范围
T 型			适用于小面积内外墙	SE 型	S型 E型		适用于大面积外墙
L 型			适用于幕墙上下收口处	固定背栓			适用于大面积内外墙
Y 型			适用于大面积外墙	可调挂件	R型 SE型 背栓		适用于高层大面积内外墙
Y 型			适用于大面积外墙				

案例
武汉火神山医院为何能火速建成

部分产品生产工厂化、施工现场装配化的出现,是装饰行业的第三次革命。

当前,我国建筑装饰行业发展趋势及国家要求施工技术发展的总方向是节能高效、绿色环保、智能装饰、以人为本;业主对装饰施工的要求是保证装饰功能需要、工期越短越好、绿色环保等。行业中部分施工技术已基本实现工厂制作、现场安装的要求,如石材干挂技术、门窗工程等,在施工现场装配化方面已经取得了成功经验。

图 1.4.1　石材干挂技术

任务拓展

● 课堂训练

1. 建筑装饰施工技术发展的趋势是_____、_____。

2. 建筑装饰施工原则有_____、_____、_____、_____。

3. 按照施工的项目,装饰装修施工主要分为_____、_____、_____、_____、_____、_____、_____、_____、_____、_____共 10 个工程项目。

答案
课堂训练

● 学习思考

1. 谈谈你对建筑装饰装修施工的认识。

2. 请举例说明你认为的建筑装饰装修施工发展方向。

项目二

吊顶装饰构造与施工

知识导入

吊顶工程项目概况

素养提升
绿色化、低碳化的
装配式装修吊顶

想一想：

　1. 生活中在哪些地方见过吊顶？

　2. 常见吊顶的作用有哪些？举例说明。

一、顶棚的形式

顶棚的形式多种多样,按照结构形式分为直接式和悬吊式两种。

1. 直接式顶棚

直接式顶棚不使用吊杆,在楼板基层上进行喷刷或者黏结饰面板形成顶棚(图 2.0.1)。

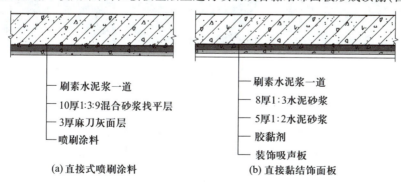

(a) 直接式喷刷涂料　　　　　(b) 直接黏结饰面板

图 2.0.1　直接式顶棚示意图

直接式顶棚不占室内空间高度、造价低、施工简单,但不能遮盖管网、线路等设备。一般用于楼层高度较低或者装饰要求不高的住宅、办公楼的建筑。

2. 悬吊式顶棚

悬吊式顶棚是指在楼板结构层下安装吊杆,饰面板与楼板结构层留有垂直距离(图2.0.2),可以分为上人顶棚和不上人顶棚。悬吊式顶棚可以结合灯具、消防设施等进行整体设计,装饰效果较好,可以满足人们多种功能的要求,因此,悬吊式顶棚应用广泛。但是,与直接式顶棚相比,悬吊式顶棚工期长、造价较高。

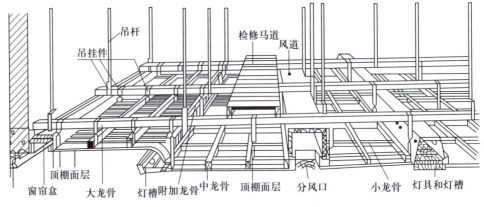

吊杆　吊挂件　检修马道　风道　顶棚面层　窗帘盒　大龙骨　灯槽附加龙骨　中龙骨　顶棚面层　分风口　小龙骨　灯具和灯槽

图2.0.2　轻钢龙骨悬吊式顶棚

> **想一想:**
> 直接式顶棚与悬吊式顶棚各有什么优缺点?

悬吊式顶棚可按如下分类:

(1)按照顶棚骨架材料分为木龙骨吊顶、轻钢龙骨吊顶和铝合金龙骨吊顶(图2.0.3)。

(a) 木龙骨吊顶　　　　　(b) 轻钢龙骨吊顶　　　　　(c) 铝合金龙骨吊顶

图2.0.3　吊顶龙骨分类

(2)按照龙骨是否隐蔽分为明龙骨吊顶和暗龙骨吊顶(图2.0.4、图2.0.5)。

(3)按构造类型分为活动式吊顶、隐蔽式吊顶、开敞式吊顶、金属装饰板吊顶(表2.0.1)。

图 2.0.4 明龙骨吊顶　　　　　　图 2.0.5 暗龙骨吊顶

表 2.0.1 顶棚构造主要类型

类型	主要内容	形式
活动式吊顶	活动式吊顶是将饰面板直接搁置在龙骨上,通常与 T 形铝合金龙骨或轻钢龙骨配套使用。龙骨表面是外露的,有利于拆装及检修	
隐蔽式吊顶	隐蔽式吊顶是指龙骨被饰面板隐藏且饰面板呈整体形式。饰面与龙骨固定的主要形式:用自攻螺钉固定在龙骨上;用胶黏剂粘在龙骨上;饰面板处理成企口,用龙骨将罩面板连接成一个整体	
开敞式吊顶	开敞式吊顶俗称铝格栅式吊顶。条形的格栅连接成开口形状,具有既遮又透的效果。灯具与吊顶的单体构件结合,并加以艺术造型,使其变成装饰精品	
金属装饰板吊顶	金属装饰板吊顶,包括金属扣板、金属条板和金属格栅安装的吊顶。板与龙骨的连接形式主要有:以加工好的金属板直接卡在铝合金龙骨上,板与板之间通过预制卡口连接;将金属条板、方板、格栅用螺钉将条板固定在龙骨上	

二、顶棚的构造

吊顶的构造主要由吊杆、龙骨和饰面板三部分组成(表2.0.2)。

表2.0.2　顶棚的构造

部位	内容	形式
吊杆	吊杆主要为连接龙骨、饰面板与楼板之间的承重构件,间距为(900 ~ 1 200)mm×(1 200 ~ 1 500)mm,可在建筑施工期间预埋吊筋或连接吊筋的预埋件;按材料划分为钢筋、镀锌铁丝、型钢、螺栓及木材等几种不同类型	
龙骨	吊顶龙骨是指用轻钢或木材做成的骨架,是用于顶棚吊顶的主材料。它通过吊杆与楼板相接,用来固定饰面板。吊顶所用的龙骨有主龙骨、次龙骨和横撑龙骨之分。主龙骨间距一般为900 ~ 1 200 mm,具体尺寸可根据房间尺寸和其他要求而确定。次龙骨间距为300 ~ 600 mm,实际应用时可将这些尺寸组合	
饰面板	由于龙骨不同,饰面板材料也不同。木龙骨上主要有贴面胶合板,轻钢龙骨上主要有纸面石膏板等。此外,饰面板种类还有铝塑板、铝扣板、玻璃、聚氯乙烯材料制成的软膜(柔性天花)等。主要作用是装饰室内空间、吸声及反射等	

提　示

《建筑装饰装修工程质量验收标准》(GB 50210—2018)规定:在吊顶龙骨吊杆大于1 500 mm时需要设置反向支撑。具体做法是:用角铁或者与主龙骨相同的材料,一端固定在楼板上,另一端固定在吊顶主龙骨上。安装反向支撑不应在同一直线上,应该为梅花形分布,间距在2 m左右。

三、顶棚的功能

吊顶装饰设计因功能要求不同,构造设计会有差别,但无论采用哪种造型、材料的吊顶,其主要共同功能如下:

使用功能性:吊顶构造设计要综合考虑室内不同的使用功能,如照明、保温、隔热、通风、吸声或反射、安装音箱、防火等功能需求。顶棚的装饰构造设计功能的本质是为了满足使用性。

空间舒适性:吊顶设计时应注意室内净空高度与所需吊顶高度的关系,造型、颜色、材料的选用要与装饰风格相统一,从空间、光影、材质等方面,烘托气氛。除此之外,利用顶棚的造型、高低不同,划分不同的功能空间。

安全耐用性:吊顶构造中有各种灯具、烟感器、喷淋系统、管线等,有时还要满足上人检修的要求,因此装饰材料自身的强度、稳定性和耐用性要满足安全、稳定、防火等要求。

综上所述,顶棚装饰工程是技术要求较高、施工难度较大的一项工程项目。在具体施工中应结合建筑空间的体量大小、装饰要求、经济条件、设备安装、技术要求及安全问题等方面进行综合考虑。

微课

吊顶装饰工程质量检验与检测 一般规定

📖 装修讲堂

吊顶的发展史

吊顶古称"天花",始称于清代,俗称"平起",《营造法式》中又叫"平机""平橑"。最传统的吊顶,伴随着我国古代建筑中阁楼出现,对木材的设计及制作要求很高,耗时长、搭建难度高、价格昂贵,多用在宫殿、寺庙中的宝座、佛坛上方等建筑中。

古代吊顶流传最广的"藻井",利用榫卯、斗拱堆叠而成。各种梁檩穿插结构形成藻井,有方形、圆形、八角形等,周围饰以各种花纹、雕刻和彩绘,不同层次向上凸出,每一层边沿处都做出斗拱,极其精细,斗拱承托梁枋,再支撑拱顶。在藻井上装饰彩画,《营造法式》记载,彩画绘制程序分"衬地""衬色""细色""贴金"四个步骤。先涂上底色,然后上花纹的大块颜色,再勾画细部,最后点缀泥金或金箔。

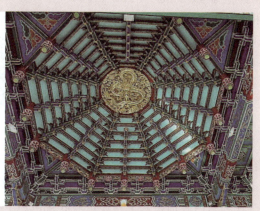

在明清时期,藻井被分为三层。底层为方形,称"方井",多数由斗拱承托;第二层为八边形,称"八角井";顶层为圆形,称"圆井"。

近代吊顶的材料比较简单,常用的是编织袋、塑料彩条纸天花,通过塑料尼龙纤维黏结而成,吊顶外观缺乏美感,实用性不佳。

20世纪50年代,开始盛行石灰吊顶。采用预制板结构,用石灰水刷白。吊顶完成后,石灰顶噪点较多、表面粗糙,且容易发霉变黑。

20世纪70年代出现了造型吊顶用的纸面石膏板。

当今,随着科技的进步,吊顶新材料多样、功能更多,例如铝扣板、集成吊顶等,具有防火、防水、吸声、隔声、环保、调节室内温湿度、抗老化等特点,极大地满足了人们的使用需求。

任务1　木龙骨吊顶装饰构造与施工

任务目标

通过本任务的学习,达到以下目标:

1. 熟悉木龙骨吊顶的主要材料及装饰构造。

2. 理解木龙骨吊顶的施工流程,培养学生遵守规范、精益求精的职业精神。

3. 掌握木龙骨吊顶质量验收标准,强化学生的工程质量意识。

任务描述

课件
木龙骨吊顶

● **任务内容**

业主室内吊顶计划采用木龙骨纸面石膏板进行造型,如图2.1.1所示为木龙骨顶棚骨架。请按照《住宅室内装饰装修工程质量验收规范》(JGJ/T 304—2013)相关要求,编制木龙骨纸面石膏板吊顶的施工方案,介绍其使用的材料及机具。

图2.1.1　木龙骨顶棚骨架

● **实施条件**

1. 顶棚到墙体的相关线路敷设工作已完成。

2. 顶棚电气布线、消防管道、空调管道、报警线路调试完毕。

3. 顶棚施工的机具、材料及脚手架等已就绪。

4.《住宅室内装饰装修工程质量验收规范》(JGJ/T 304—2013)。

相关知识

一、认知木龙骨顶棚构造

所谓木龙骨吊顶是指以木龙骨、胶合板、细木工板等组成结构格栅而制成的吊顶，木龙骨纸面石膏板吊顶主要由吊杆、主龙骨、次龙骨、罩面板组成（图 2.1.2）。木龙骨顶棚的构造及间距应根据《建筑装饰装修工程质量验收标准》（GB 50210—2018）确定。

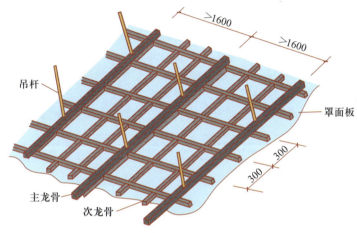

图 2.1.2　木龙骨石膏板吊顶装饰构造

> **做一做：**
>
> 依据《建筑装饰装修工程质量验收标准》（GB 50210—2018）查找吊杆间距的有关规定。

二、选择装饰材料、机具

1. 主要材料

根据木龙骨石膏板吊顶装饰构造，建筑装饰材料主要包括木龙骨、纸面石膏板等（表 2.1.1）。

表 2.1.1　木龙骨纸面石膏板吊顶主要材料

名称	性能	形式
木龙骨	选用针叶树类木材，进场后应进行筛选，并将其中腐蚀部分、开裂部分剔除，其含水率不得大于 18%。主龙骨宜选用 60 mm×100 mm 或 50 mm×70 mm 截面尺寸的木方，次龙骨宜选用 50 mm×50 mm 或 40 mm×60 mm 的木方。按设计尺寸和间距开出半槽，拼装时纵横咬口扣接以便于覆面龙骨骨架的纵横拼接组合，十字交叉咬口处涂胶加钉进行固定	

续表

名称	性能	形式
纸面石膏板	纸面石膏板是以建筑石膏为主要原料,掺入纤维和外加剂构成芯材,并与特制的护面纸牢固结合在一起的建筑板材。从板材性能上可分为普通、防火、防潮三类。石膏板具有质量轻,隔热、隔声,可加工性好,防火、抗震等优点,因此普遍适用于室内吊顶、隔墙。常用规格为 3 000 mm×1 200 mm×9.5 mm 和 2 440 mm×1 220 mm×9.5 mm。用自攻螺钉将石膏板与木龙骨固定,螺帽沉入石膏板内 2~3 mm,防锈漆点涂,用腻子膏找平,刮腻子三遍,刷乳胶漆三道,外观效果与乳胶漆墙面相同	
其他材料	自攻螺钉、圆钉、气钉、胶黏剂、防火涂料等	

知识拓展:
　　木龙骨、胶合板、大芯板使用前要进行筛选并进行防火处理(图2.1.3、图2.1.4),使用的防火涂料主要有硅酸盐涂料、氯乙烯涂料、可赛银(酪素)涂料、掺有防火剂的油质涂料等其他材料。

图 2.1.3　涂刷防火涂料

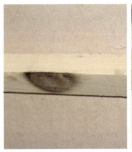　

(a) 刷过防火涂料的木龙骨　　　(b) 普通木龙骨

图 2.1.4　刷防火涂料前后对比

想一想:
　　常用纸面石膏板尺寸为 2 440 mm×1 220 mm×9.5 mm,为什么石膏板的尺寸不采用整数,而是多出 40 mm、20 mm?

　　2. 主要机具
(1)电动机具:手电钻、小电锯、小台刨。
(2)手动工具:木刨、线刨、锯、斧、锤、螺丝刀、摇钻、水平尺、线坠等。

三、施工流程及要点

（一）施工流程

木龙骨石膏板吊顶在施工过程中需要注意吊顶的稳固性和平整性问题,解决吊顶的稳固性要注意吊点的稳固、吊杆的强度、连接方式的正确;解决吊顶的平整性问题,在施工时需要严格按照施工规范组织施工,施工过程中注意工艺操作。

木龙骨石膏板吊顶施工工艺流程为:弹线定位→拼装龙骨→安装吊点、吊杆→固定沿墙龙骨→吊装龙骨架→安装石膏板。

（二）施工要点

1. 弹线定位

弹线定位主要确定吊顶设计标高线、造型位置线、吊点、大中型灯具位置线等(表2.1.2)。通过放线,一方面使施工有了基准线,便于下一道工序确定施工位置;另一方面能够检查吊顶以上部位的管道对标高位置的影响。

表 2.1.2　弹线类型及施工要点

弹线类型	施工要点	图示
吊顶设计标高线	首先要确定标高线,确定吊顶标高线的方法:以装饰好的楼地面为基准,根据设计要求在墙(柱)面上量出吊顶的垂直高度;也可使用红外线水准仪或充水胶管测出室内水平线,水平线的标高值一般为500 mm,以此基准线作为确定吊顶标高的参考依据	
造型位置线	规则的建筑空间:以任意一个墙面为基准量出吊顶造型位置距离,在楼板底层画出平行于墙面的直线,另外三个墙面采用同样的方式。如顶棚有高低叠级造型,则应在墙面——弹出叠级处高、低不同标高点。不规则的建筑空间:采用找点法,在墙面和顶棚楼板测出造型外线距墙面的距离,找出吊顶造型边框的有关基本点,将各点再连接成吊顶造型线	
吊点、大中型灯具位置线	吊点间距一般为900~1 200 mm,要求均匀分布,大中型灯具灯位处、龙骨间相接处及叠级吊顶的叠级处均应增设吊点,较大的灯具,要设置独立吊点	

2. 拼装木龙骨骨架

木龙骨吊装前，在地面上进行分片拼装。采用咬口（半榫扣接）拼装法，如图 2.1.5 所示为木龙骨骨架拼装示意图。按凹槽对凹槽的方法咬口拼接，拼口处涂胶并用圆钉固定，先拼装组合大片的龙骨骨架，再拼装小片的局部骨架。拼接组合的面积一般控制在 10 m² 以内。

木龙骨骨架包括主龙骨、次龙骨。主龙骨：要满足强度及刚度要求，间距为 900 ~ 1 200 mm，具体尺寸可根据房间尺寸和其他要求确定。房间的跨度较大时，为保证顶棚的水平度，龙骨中部应适当起拱，可按房间短边跨度的 0.3% ~ 0.5% 起拱；次龙骨：次龙骨与主龙骨垂直布置，并通过钉、扣件、吊件等连接件紧贴主龙骨安装。为了保证饰面板平整、稳定、牢固，常用网格尺寸为 300 ~ 600 mm。

木龙骨骨架拼装的原则：主龙骨的布置应与次龙骨及饰面板的短边方向相垂直为宜，主龙骨与次龙骨、次龙骨与横撑龙骨之间为垂直关系。

阅读
木龙骨骨架拼装施工要点

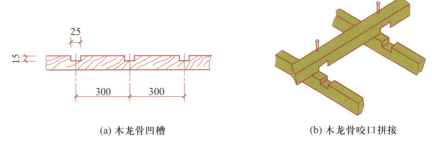

　　　(a) 木龙骨凹槽　　　　　　　　　　　(b) 木龙骨咬口拼接

图 2.1.5　木龙骨骨架拼装示意图

3. 安装吊点吊杆

（1）吊点与吊杆固定（图 2.1.6）。根据吊点间距，可以用冲击钻在建筑结构部位打孔，塞入防腐木楔，作为吊点。用钢钉将通长木龙骨与木楔固定，作为固定吊杆的基础。吊杆与通长木龙骨采用气钉固定。

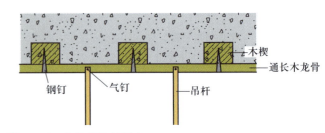

木楔
通长木龙骨
钢钉　　气钉　　吊杆

图 2.1.6　木龙骨吊杆固定

（2）吊杆与龙骨的连接。木吊杆与木龙骨的连接可直接采用钉接,吊杆间距一般为 900～1 200 mm,大中型灯具灯位处、龙骨间相接处及叠级吊顶的叠级处要增加吊杆,较大的灯具,要设置独立吊杆。

> **想一想:**
> 　　木龙骨纸面石膏板吊杆的截面尺寸与龙骨骨架所有的龙骨截面尺寸是否一致? 并进行说明。

4. 安装边龙骨

沿吊顶标高线固定边龙骨,用冲击钻在标高线以上 10 mm 处墙面打孔,孔径 12 mm,孔距 400～600 mm,孔内塞入木楔,将沿墙龙骨钉固在墙内木楔上,如图 2.1.7 所示。沿墙龙骨底边与其他次龙骨底边标高一致。

5. 吊装龙骨架

木龙骨吊杆安装完成后,需要将木龙骨骨架与吊杆、分片木龙骨骨架间进行固定。

（1）分片木龙骨骨架吊装。分片木龙骨骨架的安装应该从墙的一个端部开始,将拼装组合好的木龙骨骨架托起至吊顶标高线位置(图 2.1.8)。高度低于 3.2 m 的吊顶骨架,采用临时定位杆;吊顶高度超过 3.2 m 时,可用铁丝在吊点上做临时固定。

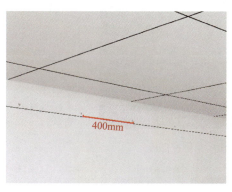
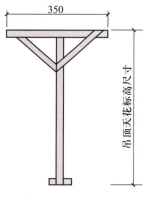

图 2.1.7　安装边龙骨　　　　　　　图 2.1.8　临时定位杆

根据吊顶标高线拉出纵横水平基准线(吊顶水平度参考线),将木龙骨骨架略做移位,使之与水平基准线平齐,待整片龙骨架调正调平后,即将其靠墙部分与边龙骨钉接。

（2）木龙骨骨架与吊杆的固定。通常采用的吊杆有木吊杆、扁铁吊杆、角钢吊杆。吊杆与木龙骨骨架的连接,根据吊杆材料,可采用绑扎、钩挂及钉固定等(图 2.1.9)。

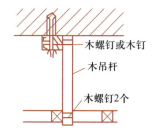

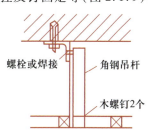

图 2.1.9　常用吊杆

（3）分片木龙骨骨架间的连接如图 2.1.10 所示。

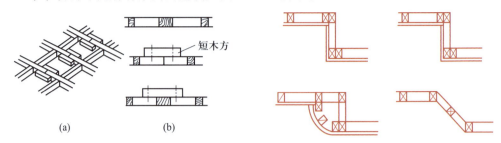

(a)　　　　　　(b)

　　两个分片木龙骨骨架在同一平面对接时，首先木龙骨骨架的端头要对正，用短木方或者铁件进行加固，短木方钉于对接木龙骨的两侧或者顶面

　　叠级吊顶的部位，从最高平面，自上而下开始吊装，做法可采用垂直连接、弧向连接、斜向连接

图 2.1.10　分片连接木龙骨

阅读
吊顶间饰面处理方法

6. 安装石膏板

纸面石膏板与木龙骨骨架的连接方式主要是钉接（图 2.1.11）。用木螺钉将纸面石膏板与木龙骨固定，钉距控制在 100 ~ 150 mm，钉帽应略钉入板面一部分，点涂防锈漆，满刮 3 遍腻子，刷 3 遍乳胶漆。

图 2.1.11　安装石膏板

提　示

　　木龙骨由于防火性能比较差，且容易变形开裂，当空间顶棚造型不复杂时，为了保证安全需要，可采用轻钢龙骨或者轻钢龙骨与木龙骨配合使用。

微课
暗龙骨吊顶工程质量检验与检测

四、质量验收

木龙骨石膏板顶棚安装允许偏差与检验方法见表 2.1.3。

表 2.1.3　木龙骨石膏板顶棚安装允许偏差与检验方法

序号	项目	允许偏差/mm	检验方法
1	表面平整度	3	用靠尺和楔形塞尺检查，查看不同部位的间隙尺寸差异是否在允许偏差范围内
2	接缝平直	3	拉通线尺量检查
3	接缝高低	1	用钢直尺和楔形塞尺检查

任务拓展

● **课堂训练**

1. 木龙骨纸面石膏板主要由吊杆、主龙骨、次龙骨、罩面板组成。（　　）

2. 纸面石膏板主要分为普通、防火、防潮、防污四类。（　　）

3. 弹线定位主要确定吊顶设计标高线、造型位置线、吊点、大中型灯具位置线等。（　　）

4. 沿吊顶标高线固定边龙骨，一般是用冲击钻在标高线上打孔。（　　）

答案
课堂训练

● **学习思考**

安装边龙骨时用冲击钻在墙面上打孔与吊顶的标高线重合能否可行？为什么？

任务 2　轻钢龙骨吊顶构造与施工

任务目标

通过本任务的学习，达到以下目标：

1. 理解轻钢龙骨纸面石膏板吊顶的构造。

2. 对比木龙骨吊顶，了解轻钢龙骨纸面石膏板吊顶的材料，引导学生树立绿色环保理念。

3. 掌握轻钢龙骨纸面石膏板吊顶施工的技术要求，强调施工规范的重要性，培养学生遵纪守法及岗位责任意识。

课件
轻钢龙骨吊顶

任务描述

● **任务内容**

办公室采用轻钢龙骨纸面石膏板吊顶（图 2.2.1），吊顶龙骨采用 38 系列不上人顶棚，绘制关键节点详图，列出装饰材料清单及使用机具，编制轻钢龙骨纸面石膏板吊顶的施工方案。

● **实施条件**

1. 顶棚到墙体的相关线路敷设工作完成。

2. 顶棚电气布线、消防管道、空调管道、报警线路调试完毕。

3. 备齐轻钢龙骨纸面石膏板吊顶所需装饰材料及机具，搭建完成脚手架。

4. 绘制完成轻钢龙骨纸面石膏板吊顶装饰构造方案。

图 2.2.1　轻钢龙骨纸面石膏板吊顶

微课
教你解决"掉"顶问题

5.《建筑装饰装修工程质量验收标准》(GB 50210—2018)、《房屋建筑室内装饰装修制图标准》(JGJ/T 244—2011)、《住宅装饰装修工程施工规范》(GB 50327—2001)、《住宅室内装饰装修工程质量验收规范》(JGJ/T 304—2013)。

相关知识

一、认识构造

轻钢龙骨纸面石膏板吊顶主要由吊杆、龙骨、石膏板组成(图 2.2.2),骨架由主龙骨(承载龙骨)、次龙骨(覆面龙骨)、横撑龙骨及配件组成。

φ8通丝镀锌吊杆
主吊件
C形龙骨
乳胶漆
U形龙骨
双层9.5 mm厚石膏板

图 2.2.2　轻钢龙骨纸面石膏板构造

阅读
吊顶龙骨的作用

想一想:

　　次龙骨(覆面龙骨)与横撑龙骨是否一样?有什么不同?

二、选择装饰材料及机具

(1)轻钢龙骨吊顶主要建筑装饰材料如表 2.2.1 所示。

表 2.2.1　轻钢龙骨吊顶主要建筑装饰材料

材料名称	性能	形式
吊杆	通丝镀锌吊杆:楼板用冲击钻打孔,将吊杆膨胀管套部位置入孔内拧紧或者采用 φ6~φ8 的钢筋(套螺纹)	φ8胀头　φ8胀管　φ8通丝镀锌吊杆
U 形龙骨	用做主龙骨,代号为 D,有 38、50、60 系列,适于不同的吊点距离。38、50 系列:适用不上人吊顶,吊点间距为 900~1 200 mm;60 系列:上人龙骨,吊点间距 1 500 mm	
C 形龙骨	C 形龙骨称为次龙骨,安装在 U 形龙骨下面	

续表

材料名称	性能	形式
L形龙骨	L形龙骨为边龙骨,与墙固定,用于收边	
主龙骨连接件	相邻两根主龙骨延长时,采用主龙骨的连接	
次龙骨连接件	放在相邻两根次龙骨部位,用铆钉固定	
主次龙骨挂件	上半部分弯挂在主龙骨上,下半部分钩挂C形龙骨	
主龙骨吊件	连接吊杆和主龙骨	
次龙骨支托	用于支托次龙骨	

（2）选择机具：

① 电动机具：冲击钻、手电钻、自攻螺钉钻、电焊机、手提线锯机。

② 手动工具：十字形螺丝刀、拉铆枪、钳子、扳子、卷尺、钢水平尺、线坠等。

三、施工流程及要点

（一）施工流程

轻钢龙骨纸面石膏板施工流程为：弹线→安装吊杆→安装主龙骨→安装次龙骨→安装纸面石膏板→嵌缝。

（二）施工要点

1. 弹线

弹线步骤与木龙骨相同。

2. 安装吊杆

根据顶棚定点弹线位置,采用冲击钻进行打孔,置入通丝镀锌吊杆,拧紧螺母,并进行拉拔试验,确保吊杆的牢固性（图2.2.3）。注意吊杆端头螺纹长度不应小于30 mm,确保有较大的调节余量。

动画
轻钢龙骨石膏板吊顶施工工艺

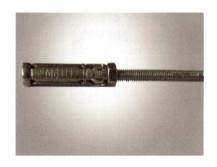
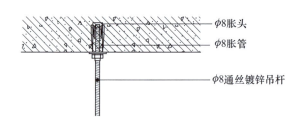

φ8胀头
φ8胀管
φ8通丝镀锌吊杆

图 2.2.3　安装吊杆

多学一点：

　　根据吊杆的荷载不同,顶棚分为上人顶棚和不上人顶棚,两种顶棚吊杆与顶棚结构的构造如图 2.2.4 所示。

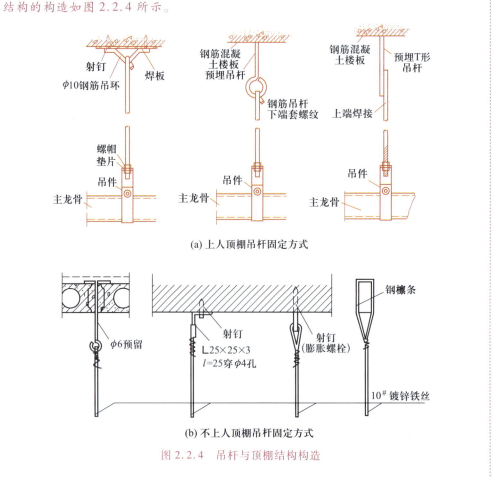

(a) 上人顶棚吊杆固定方式

(b) 不上人顶棚吊杆固定方式

图 2.2.4　吊杆与顶棚结构构造

做一做：

　　以小组为单位,分析上人顶棚、不上人顶棚吊杆固定方式,试说出如图 2.2.4 所示构造方式的具体做法。

3. 安装主龙骨

调整好吊杆下吊挂件高度,将主龙骨横穿于吊挂件内并拧好螺母(图2.2.5),主龙骨间距为900~1 200 mm。同一室内吊挂件与吊杆、吊挂件与主龙骨安装就位后,拉线进行校正调平,龙骨校正平直后,将吊杆上的调平螺母拧紧,当房间跨度较大时,龙骨中间部分按具体设计起拱,起拱高度为室内短向跨度的1/1 000~3/1 000。

视频
安装骨架及石膏板

图2.2.5　安装主龙骨

4. 安装次龙骨

用相配套的吊挂件钩挂在主龙骨上,次龙骨与主龙骨相垂直(图2.2.6)。次龙骨一般安装原则:按照预先弹好的位置,从一端依次向另一端安装,如有高低落差,则先高后低。

 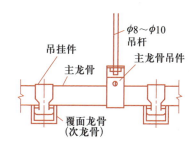

图2.2.6　次龙骨与主龙骨连接方式

灯具、检修孔和空调口等部位的周边应安装横撑龙骨。横撑龙骨一般由次龙骨截取,次龙骨和横撑龙骨底面要齐平。石膏板的尺寸决定横撑龙骨的间距,要求相邻两块石膏板的端部必须落在横撑龙骨上。

5. 安装纸面石膏板

检查配件安装是否正确,主次龙骨是否平整、顺直,顶棚内各种空调、消防、通信、照明等隐蔽工程完毕后可进行石膏板安装。

纸面石膏板从顶棚的一端向另一端开始错缝安装(图2.2.7),余量放在最后安装,长边方向应与主龙骨平行或从顶棚中

图2.2.7　石膏板错缝安装

心向周围铺设。安装前根据龙骨间距在石膏板面上弹出龙骨中心线,方便自攻螺钉与龙骨钉接,固定石膏板的高强自攻螺钉间距为 150～170 mm,固定时应从石膏板中部开始向两侧展开,自攻螺钉距纸面石膏板板长边应控制在 10～15 mm 的距离,短边控制在 15～20 mm,钉头应略低于板面沉入板内 1～2 mm,但不得损坏纸面。钉头应做防锈处理,并用石膏腻子腻平。纸面石膏板安装时还应注意留 3 mm 左右的板缝(短边留 4～6 mm 板缝),四周墙边留 10 mm 缝隙以防伸缩变形。

> **想一想:**
> 　为什么相邻两块纸面石膏板要错缝安装?

阅读
嵌缝

6. 嵌缝处理

　　整个吊顶面的纸面石膏板钉固完成后,应进行质量检查,将自攻螺钉的钉头点涂进行防锈处理,然后用石膏腻子嵌平。石膏板嵌缝采用石膏腻子和穿孔纸带(图 2.2.8)。

图 2.2.8　石膏板嵌缝处理

四、质量验收

1. 主控项目

　　(1)吊顶标高、尺寸、起拱和造型应符合设计要求。

　　(2)饰面材料的材质、品种、规格、图案和颜色应符合设计要求。当饰面材料为玻璃板时,应使用安全玻璃或采取可靠的安全措施。

　　(3)饰面材料的安装应稳固严密。饰面材料与龙骨的搭接宽度应大于龙骨受力面宽度的 2/3。

　　(4)吊杆、龙骨的材质、规格、安装间距及连接方式应符合设计要求。金属吊杆、龙骨应进行表面防腐处理;木龙骨应进行防腐、防火处理。

　　(5)明龙骨吊顶工程的吊杆和龙骨安装必须牢固。

2. 一般项目

　　(1)饰面材料表面应洁净、色泽一致,不得有翘曲、裂缝及缺损。饰面板与明龙骨的搭接应平整、吻合,压条应平直、宽窄一致。

　　(2)饰面板上的灯具、烟感器、喷淋头、风口篦子等设备的位置应合理、美观,与饰面板的交接应吻合、严密。

　　(3)金属龙骨的接缝应平整、吻合、颜色一致,不得有划伤、擦伤等表面缺陷。木质龙骨应平整、顺直,无劈裂。

　　(4)吊顶内填充吸声材料的品种和铺设厚度应符合设计要求,并应有防散落措施。

　　(5)明龙骨吊顶工程安装的允许偏差和检验方法应符合表 2.2.2 的规定。

表2.2.2 明龙骨吊顶工程安装的允许偏差和检验方法

项次	项目	允许偏差/mm				检验方法
		石膏板	金属板	矿棉板	塑料板、玻璃板	
1	表面平整度	3	2	3	2	用2 m靠尺和塞尺检查
2	接缝直线度	3	2	3	3	拉5 m通线和用钢直尺检查
3	接缝高低差	1	1	2	1	用钢直尺和塞尺检查

任务拓展

● 课堂训练

根据所学轻钢龙骨纸面石膏板吊顶的装饰构造,识读图2.2.9所示吊顶1~8部位的吊顶构造。

1._____ 2._____ 3._____ 4._____ 5._____
6._____ 7._____ 8._____

答案
课堂训练

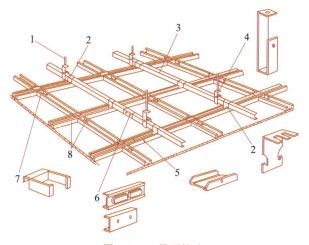

图2.2.9 吊顶构造

任务3 T形金属龙骨吊顶构造与施工

课件
T形金属龙骨吊顶

任务目标

通过本任务的学习,达到以下目标:

1. 掌握T形金属龙骨矿棉板吊顶的主要材料及装饰构造原理。

2. 理解T形金属龙骨矿棉板吊顶的施工流程,养成遵守规范与标准的习惯。

3. 以T形金属龙骨矿棉板吊顶的质量验收标准为准绳,培养装饰工程质量意识。

任务描述

● **任务内容**

某教学楼走廊长为 210 m,宽为 4 m,采用 T 形铝合金龙骨矿棉板吊顶,绘制关键节点构造图,列出装饰材料清单及使用机具并且编制 T 形铝合金龙骨矿棉板吊顶的施工方案。

● **实施条件**

1. 顶棚到墙体的相关线路敷设工作完成。

2. 顶棚电气布线、消防管道、空调管道、报警线路调试完毕。

3. 备齐 T 形金属龙骨吊顶所需装饰材料及机具,搭设完成脚手架。

4.《房屋建筑室内装饰装修制图标准》(JGJ/T 244—2011)、《住宅装饰装修工程施工规范》(GB 50327—2001)、《住宅室内装饰装修工程质量验收规范》(JGJ/T 304—2013)。

相关知识

一、认识 T 形金属龙骨吊顶构造

T 形金属龙骨矿棉板吊顶是一种配套装配式吊顶,将矿棉板搁置在龙骨两翼上。金属龙骨进行了防腐处理,安装方便,适用于机房、楼道、会议室等。T 形金属龙骨矿棉板吊顶主要由主龙骨、次龙骨、边龙骨、矿棉板组成,如图 2.3.1 及表 2.3.1 所示。

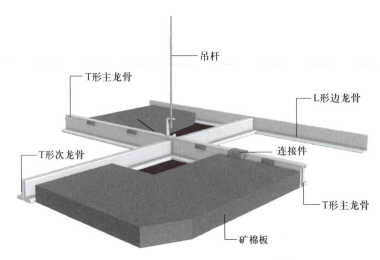

图 2.3.1　T 形金属龙骨矿棉板吊顶构造

表 2.3.1　金属龙骨构造

龙骨名称	主龙骨	次龙骨	边龙骨
内容	主龙骨是 T 形或 U 形龙骨,侧面有长方形孔和圆形孔,起插接、吊装作用	次龙骨长度尺寸由饰面板尺寸决定。其端部加工成"凸"字形状,便于插入主龙骨方孔中	封边龙骨为 L 形,可以使矿棉板搭接到边翼上,使边角保持整齐、顺直

续表

| 图示 | 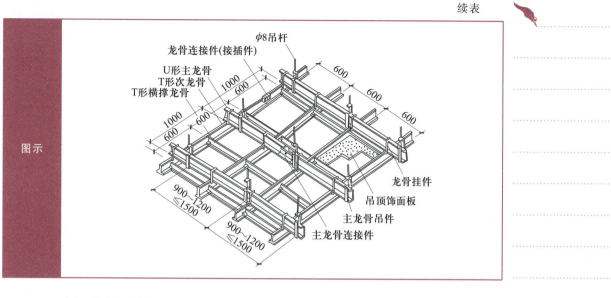 |

二、选择装饰材料及机具

1. 选择 T 形铝合金龙骨吊顶材料

T 形铝合金龙骨吊顶主要材料有 T 形及 L 形铝合金龙骨、矿棉吸声板、龙骨连接件、吊件等（表 2.3.2）。

表 2.3.2　T 形铝合金龙骨吊顶材料

材料名称	性能	形式
T 形铝合金主龙骨	T 形铝合金龙骨具有质轻、较强的抗腐蚀性、防火性好、安装简单等特点，一般主龙骨长度为 600 mm 和 1 200 mm，侧面有长方形孔和圆形孔	
铝合金次龙骨	次龙骨的尺寸由饰面板确定，端部加工成"凸"字形状，便于插入主龙骨方孔中	
L 形边龙骨	将靠墙面板边搁置到 L 形龙骨边翼，起收边作用，常用的规格为 25 mm×25 mm	
矿棉吸声板	具有质轻、阻燃、保温、隔热、吸声等特点，其形状主要为正方形和长方形，规格为 600 mm×600 mm、300 mm×600 mm，常见厚度有 12 mm、15 mm、20 mm	

2. 选择机具

电动机具:冲击钻、切割机;手动工具:钳子、扳子、钢锯、卷尺、线坠。

三、施工流程及要点

动画
矿棉板吊顶施工工艺

(一) 施工流程

根据绘制的装饰构造图,选择装饰材料及机具,编制T形铝合金龙骨矿棉板吊顶施工流程:弹线定位→固定边龙骨→安装悬吊件→安装主、次龙骨→安装矿棉板。

(二) 施工要点

1. 弹线定位

墙面弹50 cm水平基准线,将设计标高线弹到四周墙面或柱面上,主次龙骨位置、吊点位置及大型灯具位置弹到楼板底面上。注意龙骨间距控制在900~1 200 mm。

2. 固定边龙骨

按照吊顶标高位置,将L形边龙骨沿墙或柱标高线,采用高强水泥钉固定,固定时L形底边与标高线重合,钉的间距一般不宜大于500 mm,一般边龙骨用于封口不能承重。

3. 安装悬吊件

T形铝合金龙骨吊顶为活动式装配吊顶,方便检修,一般为不上人顶棚。在楼板底边钉入底边带孔的射钉,采用镀锌铁丝吊筋绑扎在射钉上。T形铝合金龙骨吊顶吊杆主要有:

(1) 采用镀锌铁丝做吊筋,一端与射钉连接,另一端与主龙骨的圆形孔绑扎,吊筋使用双股,可用18号铁丝,吊筋如果单股,使用的铁丝不宜小于14号。

(2) 制作伸缩式吊杆:用带孔的弹簧钢片将两根8号铁丝连接起来,弹簧钢片用于调节及固定,用力压弹簧钢片时,使弹簧钢片两端的孔中心重合,吊杆就可伸缩自由。当手松开后,孔中心错位,与吊杆产生剪力将吊杆固定。伸缩式吊杆吊顶构造如图2.3.2所示。

4. 安装主、次龙骨

根据弹好的主龙骨位置线,将主龙骨挂件安装在吊筋与主龙骨之间,主龙骨安装时要比吊顶标高线稍高并作临时固定,作为调节高度的余量,待所有主龙骨安装完成,开始安装次龙骨,如图2.3.3所示。龙骨就位后,满拉纵横控制标高线(十字中心线),从一端开始,边安装边调平,最后再精调一遍,龙骨的调整是吊顶安装质量的关键。

5. 安装矿棉板

T形龙骨吊顶按面板安装方式分为活动式明龙骨吊顶、半明半隐龙骨吊顶和暗龙骨吊顶几种(图2.3.4)。

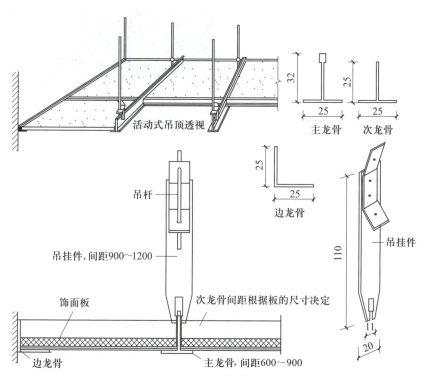

活动式吊顶透视

主龙骨　次龙骨

边龙骨

吊挂件

吊杆

吊挂件,间距900~1200

次龙骨间距根据板的尺寸决定

饰面板

边龙骨　主龙骨,间距600~900

图 2.3.2　伸缩式吊杆吊顶构造示意图

(a) 主龙骨与次龙骨连接

(b) 小龙骨与T形龙骨连接

图 2.3.3　主次龙骨连接

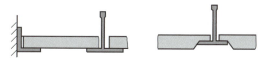

明龙骨吊顶构造:直接将矿棉板搁置在T形龙骨两翼上

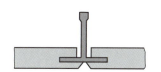

隐蔽龙骨吊顶和暗龙骨吊顶是将吊顶饰面板的板边做成企口,饰面板卡入龙骨,将龙骨挡住而形成隐蔽龙骨的吊顶

图 2.3.4　安装矿棉板

多学一点:

　　次龙骨如何分格:T形铝合金龙骨吊顶为了安装方便,龙骨中心线间距要大于饰面板 2 mm 左右。在对次龙骨分格时,为了保证规整的装饰效果,标准分格要设计在吊顶中间部位,非标准分格置于靠墙部位。

　　主龙骨如何接长:选用接长件将主龙骨接长,主龙骨方孔相连,接长的主龙骨连接件应错位安装(图 2.3.5)。

图 2.3.5　T形龙骨接长

四、质量验收

　　以石膏板、金属板、矿棉板、塑料板或格栅等为饰面材料的明龙骨吊顶工程为例,其质量验收要求及检验方法见表 2.3.3。

微课
明龙骨吊顶工程质量检验与检测

表 2.3.3　明龙骨吊顶工程验收质量要求和检验方法

项目	项次	质量要求	检验方法
主控项目	1	饰面材料的材质、品种、规格、图案和颜色应符合设计要求。当饰面材料为玻璃板时,应使用安全玻璃或采取可靠的安全措施	观察,检验产品合格证书、性能检测报告和进场验收记录
	2	饰面材料的安装应稳固严密。饰面材料与龙骨的搭接宽度应大于龙骨受力面宽度的 2/3	观察,手扳检查,尺量检查
	3	吊杆、龙骨的材质、规格、安装间距及连接方式应符合设计要求。金属吊杆、龙骨应经过表面防腐处理;木龙骨应进行防腐、防火处理	观察,尺量检查,检查产品合格证书、进场验收记录和隐蔽工程验收记录
	4	暗龙骨吊顶工程的吊顶和龙骨安装必须牢固	手扳检查,检查隐蔽工程验收记录和施工记录
一般项目	5	饰面材料表面应洁净、色泽一致,不得有翘曲、裂缝及缺损。饰面板与明龙骨的搭接应平整、吻合,压条应平直、宽窄一致	观察,尺量检查
	6	饰面板上的灯具、烟感器、喷淋头、风口篦子等设备的位置应合理、美观,与饰面板的交接应吻合、严密	观察

续表

项目	项次	质量要求	检验方法
一般项目	7	金属龙骨的接缝应平整、吻合、颜色一致,不得有划伤、擦伤等表面缺陷。木质龙骨应平整、顺直,无劈裂	观察
	8	吊顶内填充吸声材料的品种和铺设厚度应符合设计要求,并应有防散落措施	检查隐蔽工程验收记录和施工记录

任务拓展

● **课堂训练**

1. 固定 L 形边龙骨时底边与标高线重合,钉的间距一般不宜大于_____mm。

2. T 形铝合金龙骨吊顶吊杆主要有_____、_____。

3. T 形龙骨面板材料的安装分为_____吊顶、_____吊顶和_____吊顶。

4. 墙面弹 50 cm 水平基准线,将设计标高线弹到四周墙面或柱面上,在楼板底部弹_____、_____及_____位置线。

● **学习思考**

认真观察周围 T 形金属龙骨矿棉板吊顶的饰面板安装方式,与轻钢龙骨纸面石膏板饰面板固定方式有什么不同?

📱答案
课堂训练

任务 4　金属装饰板吊顶构造与施工

任务目标

通过本任务的学习,达到以下目标:

1. 熟悉金属装饰板吊顶的材料及装饰构造,培养绿色、低碳环保意识。

2. 掌握金属装饰板吊顶的施工流程,提升严谨细致、精益求精的职业素养。

3. 理解金属装饰板吊顶质量验收标准,树立工程质量意识。

课件
金属装饰板吊顶

任务描述

● **任务内容**

火车站候车大厅计划采用金属装饰方形板进行吊顶(图 2.4.1)。为达到工程质量要求,需要绘制该吊顶与墙、柱相结合部位的节点详图;根据所绘制的金属装饰吊顶构造图归纳完成该构造图所使用的材料、机具;最后,编制金属装饰方形板吊顶施工方案。

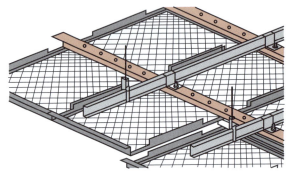

图 2.4.1　金属装饰板吊顶

● **实施条件**

1. 顶棚到墙体的相关线路敷设工作完成。
2. 顶棚电气布线、消防管道、空调管道、报警线路调试完毕。
3. 顶棚施工的机具、材料及脚手架等已就绪。
4.《房屋建筑室内装饰装修制图标准》(JGJ/T 244—2011)、《住宅装饰装修工程施工规范》(GB 50327—2001)、《住宅室内装饰装修工程质量验收规范》(JGJ/T 304—2013)。

相关知识

一、认识装饰构造

1. 金属装饰板吊顶整体构造

金属装饰板吊顶是典型的装配式组装方式,采用 0.5~1.0 mm 厚轻质金属板和配套专业的龙骨体系组合而成,方板可压成各种纹饰,喷涂不同颜色,配合装饰风格使用。顶棚内部覆盖隔声、吸声材料。特点是防火性好、质轻、安装方便、色泽美观,适用于候车大厅、厨房、卫生间、图书馆、展览厅等空间。金属装饰板吊顶的形式根据吊顶装饰板形状不同有方形板吊顶(图 2.4.2)和条形板吊顶两大类。

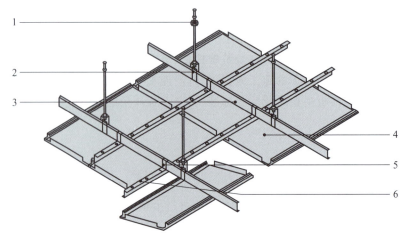

图 2.4.2　金属装饰板方形吊顶

1—φ6 钢筋;2—38 系列轻钢龙骨吊码;3—38 系列轻钢主龙骨;4—方形扣板;5—三角龙骨吊码;6—三角龙骨

金属装饰板安装构造分为搁置式和嵌入式两种,如图2.4.3所示。

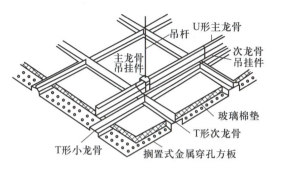

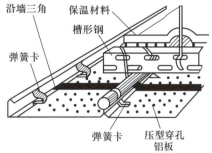

(a) 搁置式:搁置式多为将金属装饰板置放　　　(b) 嵌入式:嵌入式的金属方形板是利用板边槽口嵌入
　　在T形龙骨方板四周边翼上　　　　　　　　　　三角龙骨进行固定

图2.4.3　金属装饰板吊顶形式

多学一点:

　　金属装饰板吊顶的饰面板有方形金属扣板、条形金属扣板两种形式(图2.4.4),饰面板的材料是以铝合金板、钛合金板等为基板,进行滚涂、喷涂、拉丝形成各色装饰板。其中,方形金属扣板根据吸声需要可以打孔或者不打孔,板材的形式不同,其施工方法也不同。金属扣板具有防火性好、质轻、强度高、防潮等特点,广泛应用于公共空间、家装空间。

(a) 条形金属扣板　　　　　　　　　　　　(b) 方形金属扣板

图2.4.4　金属扣板

2. 金属装饰板节点构造

　　为满足吸声、保温作用,金属饰面板可以打孔并且上面衬纸后覆盖矿棉或玻璃棉的吸声垫,形成吸声顶棚;金属装饰板构造设计图中,四周靠墙部分的装饰板不符合方板的模数时,可以改用条板或纸面石膏板等材料进行处理,如图2.4.5所示。

做一做:

　　根据所学金属装饰板吊顶构造的相关知识,查看图2.4.6所示金属装饰板吊顶构造,小组内讨论交流,指出主材、配件的名称及各部件的连接方式。

动画
开敞式悬吊顶棚

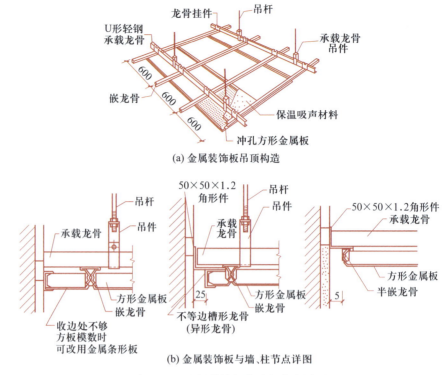

(a) 金属装饰板吊顶构造

(b) 金属装饰板与墙、柱节点详图

图 2.4.5 金属装饰板构造与节点详图

图 2.4.6 金属装饰板吊顶构造

二、吊顶材料及机具

1. 吊顶材料

金属装饰板吊顶由于其形式多种多样,因此吊顶材料如龙骨、装饰板也有所不同,如表 2.4.1 所示。

表 2.4.1 金属装饰板吊顶材料

材料	名称	用途	形式
主材	U 形龙骨	用作主龙骨,代号为 D,有 38、50、60 系列,适用于不同的吊点距离。一般采用 38 系列不上人吊顶	

续表

材料	名称	用途	形式
主材	三角龙骨（嵌龙骨）	用于组装龙骨骨架的纵向龙骨；卡装方形金属吊顶板	40 / 26
	半嵌龙骨	组装龙骨骨架的边缘龙骨；卡装方形金属吊顶板	26
	条龙骨	用于组装成吊顶龙骨骨架，适用于嵌条形金属吊顶板	18 / 25 / 53
	条板形式	板厚一般为0.5 mm。Ⅰ、Ⅲ型条形金属板吊顶为敞开式吊顶，当加装嵌条后也可成为封闭式吊顶；Ⅱ型金属条板由于其板边的延伸而成为吊顶的缝隙盖板，故只可组装为闭缝式吊顶	10.5 / 85（Ⅰ） 15 / 85（Ⅱ） 85（Ⅲ）
配件	嵌龙骨挂件	用于三角龙骨（嵌龙骨）和U形吊顶轻钢龙骨的连接	60 / 25 / 49
	吊件	用于与吊杆、条龙骨连接	
	嵌龙骨连接件	用于嵌龙骨的加长连接	40.5

2. 选择机具

电动工具：型材切割机、电动曲线锯、冲击钻、手提式电动圆锯、铝合金切割锯。

手动工具：手锤、水平尺、钢卷尺、方尺、钳子、铝合金靠尺。

三、施工流程及要点

（一）施工流程

弹线定位→安装吊杆→安装龙骨与调平→安装金属板→板缝处理。

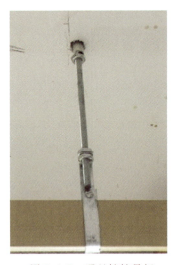

图 2.4.7　通丝镀锌吊杆

（二）施工要点

1. 弹线定位

（1）墙面弹线：用红外线定位仪在墙、柱距地面 500 mm 标高处，弹出水平线；根据标高控制线向上量至吊顶金属板设计标高再加上 5～10 mm（金属板厚度）沿墙、柱弹出水准线，即为吊顶次龙骨的下皮线。

（2）顶棚弹线：按吊顶平面图，在垂直于主龙骨的墙面上弹出主龙骨的安装位置线，按照规范主龙骨应从吊顶中心向两边分，最大间距不超过 1 500 mm；在顶棚底面标示出吊杆固定点位置线。

2. 安装吊杆

安装吊杆主要有两种方式：一种是根据吊点弹线位置打孔，安装通丝镀锌吊杆成品杆件（端头为膨胀螺栓，螺杆为全螺纹），采用主龙骨吊挂件，双层龙骨吊顶时，吊杆常用 φ6 或 φ8 钢筋（图 2.4.7）。一种是采用预埋件，楼板预埋 φ6～φ10 钢筋，注意预埋位置要正确，数量要足够，钢筋伸出板面大于 150 mm，将吊筋与钢筋搭接施焊。

3. 安装龙骨与调平

根据弹好的位置线安装主龙骨，主龙骨安装时要比吊顶标高线稍高并作临时固定，作为调节高度的余量，待所有主龙骨安装完成，开始安装次龙骨，主、次龙骨连接方式如图 2.4.8 所示。龙骨就位后，满拉纵横控制标高线（十字中心线），从一端开始，边安装边调平，最后再精调一遍，龙骨的调整是吊顶安装质量的关键。

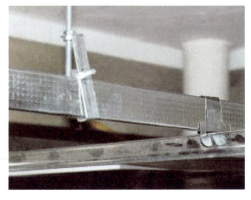

图 2.4.8　主、次龙骨连接方式

阅读

格栅吊顶

4. 安装金属板

金属装饰板有扣板式、螺钉固定式两种（图 2.4.9）。扣板式也称为开敞式吊顶，有利于顶棚的通风，也可加配套嵌条予以封闭。

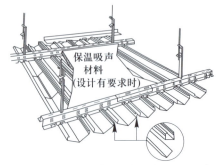

保温吸声材料（设计有要求时）

扣板式：条形卡边式金属板的板边直接按顺序利用板的弹性卡入齿状的龙骨卡口内，不需其他连接件，通常称为扣板

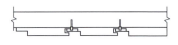

螺钉固定式：从一个墙面开始，按照顺序用自攻螺钉将第一块板的扣边固定在龙骨上，下一块板的扣边压入上一块板的扣槽内固定在 C 形、U 形龙骨上

图 2.4.9　安装金属板

多学一点：

阅读
采光顶的构造

　　金属装饰板吊顶与软膜吊顶同属装配式吊顶。软膜吊顶是一种高档绿色环保装饰材料,柔美、亮丽,有双面软膜和喷绘透光软膜。安装方法有PVC角码安装和扣边条安装(F码),如图2.4.10所示。用加热风炮加热均匀,然后用专用的插刀把软膜张紧插到铝合金龙骨上。

　　PVC角码安装:在安装软膜的地方将PVC角码支撑固定好,把角码用马钉固定在支撑物上,用专用插刀再将软膜固定在PVC角码上。

　　扣边条安装方式(F码):在需要安装软膜天花的水平高度位置四周固定40 mm×40 mm支撑龙骨(木方或方钢管)。在支撑龙骨的底面固定安装软膜天花的扣边条(F码)龙骨。

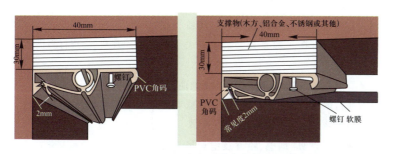

(a) PVC角码安装

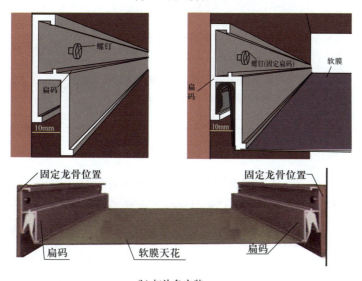

(b) 扣边条安装

图2.4.10　软膜吊顶安装

四、质量验收

（1）金属板吊顶工程主控项目和一般项目的检验方法如表2.4.2所示。

表 2.4.2   金属板吊顶工程主控项目和一般项目

项目	标准	检查方法
主控项目	吊顶标高、尺寸起拱及造型应符合设计要求	观察、尺量检查
	吊杆龙骨的品种、规格以及安装间距、固定方法必须符合设计要求。金属吊杆及龙骨表面必须经防腐防锈处理,吊顶内木质构件必须经防火处理	观察,检查产品合格证、性能检测报告或进场复试报告
	吊杆及主龙骨必须安装牢固,T形龙骨安装连接方式必须符合设计或相关材料安装说明的要求,安装牢固、无松动	观察、手扳检查,检查隐蔽验收记录
	金属板的品牌、规格、型号必须符合设计要求。板材在T形龙骨上搭接应大于其受力面的2/3	观察,检查材料性能检测报告
一般项目	金属板表面洁净、色泽一致,无翘曲、裂缝等质量缺陷。金属板与三角龙骨或花龙骨搭接平整、吻合,压条平直、宽窄一致	观察检查,尺量检查
	面上的灯具、烟感、喷淋及空调风口等设备安装位置合理美观,与吊顶表面交接吻合严密	观察检查,尺量检查
	杆安装应顺直,T形龙骨安装接缝平整、颜色一致,无划伤、擦伤等质量缺陷	观察检查,检查隐蔽验收记录
	有保温吸声要求的吊顶工程,吊顶内保温吸声材料的品种、厚度应符合设计要求,并应有防散落措施	观察检查,尺量检查,检查隐蔽验收记录

（2）金属板吊顶工程安装的允许偏差及检验方法如表 2.4.3 所示。

表 2.4.3   金属板吊顶工程安装允许偏差及检验方法

项次	项目	允许偏差/mm		检查方法
		明龙骨	暗龙骨	
1	表面平整度	2	2	用 2 m 靠尺和塞尺检验
2	接缝直线度	2	1.5	拉 5 m 线,不足 5 m 拉通线,用钢直尺检查
3	接缝高低差	1	1	用钢直尺和塞尺检查

任务拓展

● 课堂训练

1. 金属装饰板吊顶的形式根据吊顶装饰板形状不同,有＿＿＿＿＿＿吊顶和＿＿＿＿

____吊顶两大类。

2._____吊顶:将金属装饰板置放在 T 形龙骨方板四周边翼;_____吊顶:嵌入式的金属方板是利用板边槽口嵌入三角龙骨进行固定。

答案

课堂训练

3. 为满足_____、_____作用,金属饰面板可以打孔并且上面衬纸后覆盖矿棉或玻璃棉声垫,形成吸声顶棚。

4. 条形卡边式金属板的板边直接按顺序利用板的弹性卡入齿状的_____内,不需其他连接件,通常称为扣板。

● 学习思考

1. 金属装饰板吊顶与木龙骨石膏板吊顶在施工方式上有什么不同?

2. 随着装配式住宅技术的发展,试判断金属装饰板吊顶安装是否属于室内部品集成技术的一种?

任务 5 桑拿板吊顶构造与施工

任务目标

通过本任务的学习,达到以下目标:

1. 掌握桑拿板吊顶的主要材料及装饰构造,培养学生传承与创新的工匠精神。

2. 掌握桑拿板吊顶的施工流程,注重严谨细致、精益求精的职业素养。

课件

桑拿板吊顶

任务描述

● 任务内容

室内顶棚采用木龙骨桑拿板进行吊顶(图 2.5.1),试说明桑拿板吊顶构造及编制吊顶的施工方案。

● 实施条件

1. 吊顶内所有隐蔽工程的项目安装完毕并且已做好检查验收工作,如水电改造施工。

2. 通风道已安装完,灯位、通风口及各种露明孔口位置均已确定。

图 2.5.1 桑拿板吊顶

相关知识

一、认识构造

桑拿板吊顶构造如图 2.5.2 所示。

做一做:

以小组为单位,讨论并分析桑拿板吊顶构造,试着绘制出桑拿板顶棚的剖面图。

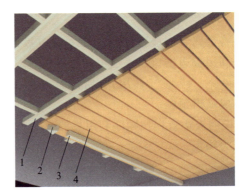

图 2.5.2　桑拿板吊顶构造（无吊杆）

1—木龙骨；2—三角块（木楔）；3—吊顶线（收边条）；4—桑拿板

二、选择装饰材料及机具

1. 选择建筑装饰材料

桑拿板吊顶所需材料如表 2.5.1 所示。

表 2.5.1　桑拿板吊顶所需材料

名称	性能	形式
桑拿板	桑拿板是由杉木、樟松、白松、红云杉、铁杉、香柏木，经过防水、防腐等特殊处理而成，不仅环保而且不怕水泡，更不必担心会发霉、腐烂。经过高温脱脂处理，能耐高温，不易变形，两片之间以插接式连接，如果用在卫生间吊顶位置，需要刷两遍亚光清漆防潮。主要规格：长度 3 m，宽度 130 mm、150 mm，厚度 8 mm、12 mm、15 mm	
龙骨	选用针叶树类木材，进场后应进行筛选，并将其中腐蚀部分、开裂部分剔除，其含水率不得大于 18%。主龙骨宜选用 60 mm×100 mm 或 50 mm×70 mm 截面尺寸的木方，次龙骨宜选用 50 mm×50 mm 或 40 mm×60 mm 的木方	
木楔	木材制作的楔形物	
气钉	钉接桑拿板与木龙骨	

2. 选择机具

（1）电动工具：冲击钻、木工电圆锯、曲线锯、气泵等。

（2）手动工具：壁纸刀、木工板锯、靠尺、滚筒、鬃刷等。

（3）检测工具：2 m 靠尺、水平尺、激光旋转水平仪等。

三、施工流程及要点

（一）施工流程

桑拿板吊顶施工流程：弹吊顶水平线、龙骨分档线→冲击钻打孔→安装木楔→安装龙骨→调平→隐蔽工程验收→安装桑拿板→分项工程验收。

（二）施工要点

桑拿板节点部位施工要点如图 2.5.3 所示。

微课

桑拿板吊顶施工工艺

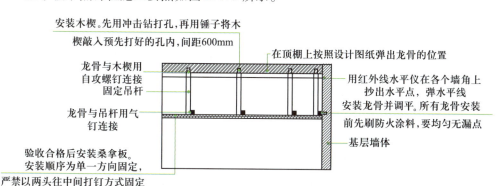

图 2.5.3　桑拿板施工要点（有吊杆）

1. 弹线及安装木楔

（1）弹线（图 2.5.4a）：① 用激光旋转水平仪在房间的各个墙角上抄出水平点，弹水平线；② 在顶棚上按照设计图纸弹出龙骨的位置，龙骨宜垂直吊顶纵向布置，从中心向两边分。

（2）安装木楔（图 2.5.4b）：安装木楔前先在顶面用冲击钻打孔，然后用锤子将木楔敲入预先打好的孔内，间距一般为 600 mm。

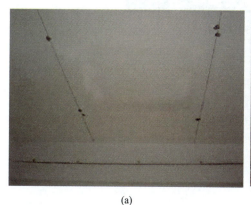

(a) (b)

图 2.5.4　弹线及安装木楔

2. 固定吊杆、龙骨

木龙骨安装时,要保证材料没有劈裂、腐蚀、虫眼、死结等质量问题,截面长为 30 ~ 40 mm,宽为 40 ~ 50 mm,含水率低于 10%,必须先刷防火涂料,而且要均匀无漏点。以现场吊顶实际高度为准,如图 2.5.5 所示,可直接用自攻螺钉连接木楔与龙骨,或用气钉连接上下层龙骨。用激光旋转水平仪对吊顶骨架进行调平处理,注意相应的起拱高度。吊顶工程应根据规范要求起拱,起拱控制在 1‰ ~ 3‰。吊顶高度大于 1 500 mm 时,需要在吊杆处增加反向支撑。

图 2.5.5　钉接龙骨

> **多学一点:**
> 　　当设计为保温吊顶或隔声吊顶时,使用带单面锡箔纸的玻璃丝棉。填充时接缝用锡箔纸胶带封闭严密。玻璃丝棉应安置在主龙骨上方,铺设厚度均匀一致,并有防坠落措施。

3. 安装桑拿板

龙骨吊顶骨架自检合格后,由项目监理组织进行隐蔽验收。安装桑拿板采用气钉按照单一方向顺序固定,严禁从两头往中间打钉,如图 2.5.6 所示。

动画
装饰梁制作

图 2.5.6　钉接桑拿板

> **多学一点:**
> 　　吊顶内的电线导管、管道隔声,金属构件防锈、吊顶吊挂点、龙骨型号,连接、固定点、吊顶骨架间距、骨架平整度、起拱高度要符合设计要求,吊顶内可能形成结露的暖卫、消防、空调、设备等应采取防结露措施。

四、质量验收

质量验收标准及检验方法如表 2.5.2 所示。

表 2.5.2　质量验收标准及检验方法

项次	项类	项目	质量标准	检验方法
1	尺寸	吊顶标高、尺寸、起拱和造型	符合设计要求	尺量
2	固定点	饰面板与龙骨连接	牢固可靠、无松动变形	轻拉
3	龙骨	龙骨间距	标准内	尺量检查
4		龙骨平直	≤2 mm	尺量检查
5		起拱高度	根据面积而定	拉线尺量
6		龙骨四周水平	≤2 mm	尺量检查或水准仪检查
7	饰面板	表面平整	≤3 mm	用 2 m 靠尺检查
8		接缝平直	≤2 mm	拉通线检查
9		接缝高低	≤1 mm	用直尺或塞尺检查
10		顶棚四周水平	≤3 mm	拉线或用水准仪检查

任务拓展

● 课堂训练

1. 桑拿板吊顶由_____、_____、_____、_____等组成。

2. 桑拿板经过高温脱脂处理,能耐高温,不易变形,两片之间以_____式连接。

3. 吊顶高度大于_____mm 时,需要在吊杆处增加_____。

4. 安装桑拿板采用气钉按照_____方向顺序固定,严禁从_____往中间打钉。

● 学习思考

吊顶骨架进行调平处理,应注意相应的起拱高度,其高度为多少? 为什么要进行适当起拱?

答案
课堂训练

项目三

墙柱面装饰构造与施工

知识导入

墙柱面工程项目概况

素养提升
中国榫卯技术对世界建筑的影响

> **想一想：**
>
> 1. 生活中常见的墙柱面装饰有哪些？
> 2. 墙柱面装饰作用有哪些？举例说明。

一、墙柱面装饰材料

墙柱面是建筑物空间面积最大的部分，直接影响装修质量和整体效果，墙柱面装饰材料种类多，根据材料在建筑物中的使用功能分为涂料类、抹灰类和粘贴类。

1. 涂料类墙面装饰材料

墙面涂料包括室内涂料和室外涂料两种，主要作用是保护墙面、美化环境，如表 3.0.1 所示。

表 3.0.1　墙面涂料

使用范围	性能	形式
室内墙面涂料	室内墙面涂料可以装饰、保护墙面，让室内整洁，美化人们的生活环境。室内涂料与室外涂料比较，在耐候性、耐水性及耐污性方面要求不高。室内墙面涂料又可以分为合成树脂乳液涂料（俗称乳胶漆）、水溶性内墙涂料、多彩内墙涂料、海藻泥涂料、油漆类涂料等	

续表

使用范围	性能	形式
室外墙面涂料	外墙涂料主要使用于建筑物外墙柱面。由于室内外自然环境差别大,长期风吹雨淋、冬夏交替的温度差异,因此外墙涂料要有较好的耐候性,涂料的性能比室内涂料要求高。室外墙面涂料又可以分为乳液型外墙涂料、复层外墙涂料、砂壁状外墙涂料、弹性建筑涂料、氟碳树脂涂料、水性氟碳涂料	

2. 抹灰类墙面装饰材料

抹灰类材料的组成主要有:胶凝材料、骨料、纤维材料等,如表 3.0.2 所示。墙面抹灰根据抹灰材料及工艺分为一般抹灰和装饰抹灰。

表 3.0.2　抹灰类材料

材料名称	性能
胶凝材料	胶凝材料是将砂、石等散粒材料黏结成整体的材料,也称为胶结材料。常用的是无机胶凝材料:气硬性胶凝材料,如石灰、石膏等;水硬性胶凝材料,如矿渣水泥、硅酸盐水泥等
骨料	骨料是指抹灰中使用的砂、石屑、彩色瓷粒。砂:分为细砂、中砂、粗砂,抹灰以中砂或中、粗混合砂为主,使用前过 5 mm 孔径筛子,含泥土等杂质不超过 3%。石屑:粒径比石粒更小的细骨料,主要用于配制外墙喷涂饰面的聚合物浆,常用的有松香石屑、白云石屑等。彩色瓷粒:颜色众多,以石英、长石和瓷土为主要原料经烧制而成,粒径 1.2～3 mm
纤维材料	纤维材料主要有麻刀、纸筋、玻璃纤维等,目的是增强抹灰整体性,防止抹灰砂浆干后的微裂,提高其变形能力、抗渗能力及抗冻能力,使抹面砂浆的耐久性大大增强

3. 粘贴类墙面装饰材料

粘贴类墙面装饰材料可以分为壁纸、壁布粘贴和饰面砖镶贴,如表 3.0.3 所示。

表 3.0.3　粘贴类墙面装饰材料

分类	性能	形式
壁纸、壁布粘贴	壁纸或者壁布材料表面图案多样、颜色丰富,有独特的柔软质地,装饰效果好。由于壁纸或者壁布的基层采用石棉纤维、玻璃纤维等,具有较好的透气效果,可以防菌、防霉,并且其表面具有较好的耐磨性,广泛应用在住宅、酒店、办公室、舞厅等	

动画
墙面抹灰

续表

分类	性能	形式
饰面砖镶贴	饰面砖分为:内墙饰面砖,如经常采用的瓷砖、马赛克等;室外饰面砖,如大理石、花岗石等。由于饰面砖可以防水、易清洗、图案多样,故广泛应用在卫生间、厨房等部位	

二、墙柱面装饰的作用

墙柱面装饰的作用主要有三方面:保护功能、使用功能、装饰功能。

保护功能:建筑室内外墙柱面抹灰装饰,可以有效防止风吹雨淋、腐蚀性物质的侵蚀,通过抹灰可有效保护建筑物墙柱结构的安全、防潮老化等,增强墙体的牢固性和耐久性,延长建筑物使用的寿命。

使用功能:对墙柱面的有效施工,可以有效弥补建筑物空间结构的缺陷,改善墙体的声学、光学、热学等性能。例如,建筑物外墙保温材料的使用,可以改善室内热环境,达到节能目的,有效提高建筑物的利用率,创造良好的建筑物理环境,满足人们居住环境的需要。

装饰功能:通过建筑墙柱面装饰使用的不同材料、色彩,可以利用墙柱面的材质、颜色营造不同氛围的环境,满足艺术风格的需要,提高人们生活的舒适度。

> **做一做:**
> 　　观察身边的墙柱面装饰,以小组为单位交流讨论为什么教室内墙面要涂刷成白色?

📖 装修讲堂

一面墙的发展史

　　墙面材料在不断变化,从最早满足人们遮风挡雨、保温需要的泥土墙,到如今环保、健康、装修周期短的集成板墙面,一面墙随着时代的进步在不断地发展。

发展阶段	介绍
泥土墙面时期	泥土墙包括夯土墙、水泥墙。夯土墙由黏土建造,就地取材,冬暖夏凉,但易吸水受潮,导致墙面脱落、坍塌;水泥墙坚固安全,消除了夯土墙的弊端。泥土墙房间光线差,会让室内空间显得狭小、压抑
白灰墙面时期	白灰墙面解决了泥土墙面的缺陷,室内光线好,且给人一种质朴清雅的感觉,但墙面非常粗糙,容易掉粉
仿瓷墙面时期	仿瓷墙面解决了白灰墙面的粗糙、掉粉的问题,但仿瓷材料不耐水、易发泡、易发黄

续表

发展阶段	介绍
乳胶漆墙面时期	乳胶漆材料可满足人们对光线、防潮、坚固、色彩等方面的需要,也是墙面最普遍、最简单直接的装修方式,但材料主要由多种化工原料合成,艺术效果单一,无法满足人们对个性装修的需求
壁纸墙面时期	壁纸颜色丰富、图案多样,但透气及环保性差、气味难散发,墙面壁纸易开裂
低醛环保墙面时期	随着科技的进步,硅藻泥、贝壳粉等低醛环保墙面装饰材料得到广泛使用,但该材料存在耐水性差、防霉效果差、易起皮脱落、使用寿命短、性价比低等问题
集成墙板时期	集成墙板是由装饰面层、基材、功能模块及配件,在工厂预制、现场装配安装的墙面,具有形式多样、绿色环保、满足个性需求、防潮、施工便捷、成本低等优点,广泛应用在学校、医院、办公楼、商场等工装墙面装饰中

随着时代的进步和科技的发展,墙面材料百花齐放,环保、健康、造价低、施工周期短是墙面材料发展的主旋律。当前乳胶漆、壁纸、集成墙板等材料,都属于墙面的主要材料。在"绿色"墙面时代下,对消费者来讲选择哪种材料来装修墙面的问题,我们认为墙面材料没有最好,只有最合适的。

任务1　抹灰工程装饰构造与施工

课件
抹灰工程构造与施工

任务目标

通过本任务的学习,达到以下目标:

1. 理解一般抹灰的装饰材料及装饰构造。

2. 掌握一般抹灰施工流程、装饰抹灰的施工要点,培养学生严谨细致、精益求精的工匠精神。

3. 熟悉抹灰工程的质量验收标准,培养学生工程质量意识。

任务描述

● 任务内容

现有水泥、砂、麻刀材料,将一室内毛坯墙面分批进行砂浆抹灰,抹灰完成后达到《建筑装饰装修工程质量验收标准》(GB 50210—2018)要求,请介绍一般抹灰的装饰构造,编制一般抹灰的施工流程,并进行质量验收。

● 实施条件

1. 墙面内的相关线路敷设工作已完成。

2. 施工温度不低于 5 ℃。

3. 抹灰机具、材料及脚手架等已就绪。

相关知识

一、认识抹灰构造

抹灰工程是将水泥、砂、麻刀等材料,采用抹、喷涂等工艺将墙面保护起来,抹灰层是建筑装饰工程中最基本的墙柱面基层,可以作为装饰装修的基层、饰面层,适用于室内外墙柱面装修。

1. 抹灰的分类

(1) 按适用范围:室内抹灰和室外抹灰。

(2) 按使用要求:一般抹灰、装饰抹灰和特种砂浆抹灰(表 3.1.1)。

表 3.1.1　抹 灰 分 类

抹灰分类	用途
一般抹灰	将水泥、砂、石灰、麻刀、纸筋等混合,对建筑主体工程的基层进行抹灰罩面
装饰抹灰	用水泥、石灰砂浆等材料,采用特殊工艺将其做成水刷石、干粘石、斩假石等饰面层
特种砂浆抹灰	采用膨胀珍珠岩、重晶石并掺入适当外加剂进行抹灰,达到保温、抗渗、防水等功能

(3) 按级别、质量的不同,一般抹灰工程分为普通抹灰和高级抹灰。

> **做一做:**
> 查找《建筑装饰装修工程质量验收标准》(GB 50210—2018)中普通抹灰和高级抹灰,了解普通抹灰和高级抹灰的适用范围、主要工序和外观质量要求。

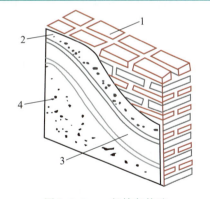

图 3.1.1　一般抹灰构造
1—基层;2—底层抹灰;
3—中层抹灰;4—面层抹灰

2. 一般抹灰装饰构造

一般抹灰的装饰构造如图 3.1.1 所示,各抹灰层的作用如表 3.1.2 所示。

表 3.1.2　一般抹灰各层的作用

分层	作用
底层抹灰	底层抹灰是为加强墙面基层与抹灰层黏结并起初步找平的作用,材料选用 1∶3 水泥砂浆,抹灰厚度一般为 5~7 mm
中层抹灰	中层抹灰为找平层,主要起找平和面层黏结作用,材料选用 1∶1 水泥砂浆或者素水泥浆,抹灰厚度为 5~12 mm

续表

分层	作用
面层抹灰	面层抹灰为装饰层,主要起装饰和光洁作用,厚度为 2 ~ 5 mm。要求表面平整、无裂痕、颜色均匀,满足装饰装修要求

注:当抹灰总厚度超过 35 mm 时,应采取加强措施。

> 想 — 想:
>
>   墙面每层抹灰厚度是不是越厚越好? 为什么?

二、选择装饰材料、机具

1. 选择抹灰材料

抹灰常用的材料包括水泥、石灰膏、砂、麻刀、纸筋等,一般抹灰材料如表 3.1.3 所示。

2. 选择机具

常用的机具有砂浆搅拌机、筛子、托灰板、阴阳角抹子、手推车、刮杠、靠尺、方尺、铁抹子、木抹子、塑料抹子、水平尺、长毛刷、钢丝刷、粉线包、喷壶、锤子、托线板等。

表 3.1.3   一般抹灰材料

材料名称	性能
水泥	水泥等级强度必须正确,有合格证、出厂日期,堆放环境保持干燥,不同品种的水泥不能混合使用
石灰膏	石灰膏不得含有未熟化的颗粒,熟化时间不得少于 15 d
砂	采用中砂,含土量不能超过 3%
麻刀	麻刀剪成长度 10 ~ 30 mm,用石灰膏调好
纸筋	使用前三周用水浸泡,植物纤维长度不得超过 30 mm

三、施工流程及要点

动画
抹灰施工工艺

(一)施工流程

一般抹灰施工工艺流程:基层处理→抹灰饼→抹标筋→做护角→抹灰及养护。

(二)施工要点

1. 基层处理

基层处理是保证墙面抹灰质量的基础,主要包括清理浮土和油污、剔实凿平、嵌填孔洞缝隙等,在抹灰前一天浇水湿润。基层处理依基层材料及部位的不同而有不同的要求,如表 3.1.4 所示。

表 3.1.4　基层处理要求

基层材料/部位	处理要求	形式
砖砌体结构	砖砌体结构要用扫帚清除表面浮土、舌头灰、残留灰浆等	
光滑平整的混凝土面层	光滑平整的混凝土面层,应进行凿毛处理或者墙体表面涂刷一道 1∶1 的水泥砂浆(可掺加适量胶黏剂或界面剂)	
不同材料基体交接处	不同材料基体交界处,应铺钉金属网,以防止其开裂,材料搭接宽度不小于 100 mm	
墙面基层	抹灰前一天要进行浇水润湿:12 cm 厚的砖墙浇水一遍,24 cm 厚的砖墙浇水两遍。将水管出水头部捏瘪,水流的喷射面、冲击力变大,自上而下、自左至右浇水,润湿深度 8～10 mm	

做一做:

以小组为单位,交流讨论在抹灰前为什么要对墙面进行润湿。

2. 抹灰饼

灰饼(标志块)做法(图 3.1.2):用 1∶3 水泥砂浆在距顶棚 200 mm,距墙阴角 100 mm 处抹灰饼,大小 50 mm×50 mm 见方,厚度为中层抹灰的厚度,灰饼抹平压实后,用抹子将其四周搓成八字灰埂。上面灰饼做好后,在灰饼的上部插钢钉挂垂直线,确定下部灰饼的厚度及位置,

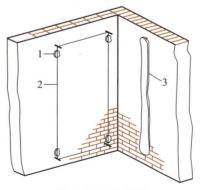

图 3.1.2　抹灰饼
1—灰饼;2—挂线;3—标筋

为了方便施工,下部灰饼一般在踢脚上方 200～300 mm。墙面灰饼的横向间距控制在 1.2～1.5 m,根据施工需要做若干个灰饼,窗口、垛角处也必须做灰饼。

想一想：
    为什么用抹子将灰饼四周搓成八字灰埂？

3. 抹标筋

灰饼砂浆收水后，上下灰饼之间做标筋，标筋又称冲筋，采用的砂浆与灰饼相同。

标筋要比灰饼略宽，其宽度为 100 mm 左右，分 2 ～ 3 遍完成并略高出灰饼，用抹子将标筋抹平压实，用木杠（窄面的一侧）的上下两端紧贴上下灰饼并且上下搓动，搓掉高处的砂浆后，再用抹子填抹砂浆找补上低凹处。这样反复找补、刮搓几次，直至标筋与灰饼齐平。搓平标筋后，将标筋的两侧修成斜面，便于与标筋间的抹灰层接槎密实。

当墙的立面高度小于 3 500 mm 时做垂直竖向标筋（竖筋），如图 3.1.3a 所示。墙的立面高度大于 3 500 mm 时做水平横向标筋（横筋），做横向标筋时灰饼的间距不宜大于 2 000 mm，如图 3.1.3b 所示。

4. 做护角

室内阳角、洞口容易被碰撞损坏，故应采用 1：2 的水泥砂浆抹制暗护角，高度不应低于 2 000 mm，每侧宽度不小于 50 mm，护角处理抹灰线条要顺直，通过护角的处理不但可以保护墙角，还起到标筋的作用（图 3.1.4）。

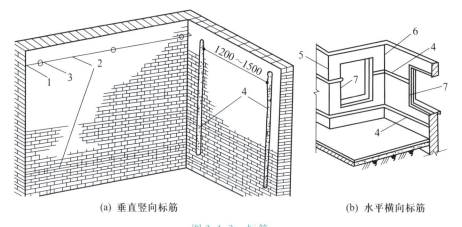

(a) 垂直竖向标筋   (b) 水平横向标筋

图 3.1.3　标筋

1—钢钉；2—挂线；3—灰饼；4—垂直竖向标筋（水平横向标筋）；5—墙阳角；6—墙阴角；7—窗框

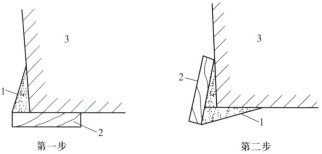

第一步   第二步

图 3.1.4　护角处理

1—砂浆；2—靠尺；3—墙体

5. 抹灰及养护

（1）底层抹灰：标筋达到七八成干时进行标筋间底、中层抹灰，俗称刮糙、装档。对基层进行自上而下洒水润湿，抹灰在标筋间自上而下开始，用刮杠刮平，刮平过程中底、中层灰出现的凹凸不平现象，及时用木抹子修补、压实、搓平。如底层灰过厚，可分遍抹灰，每遍厚度控制在 5 ~ 7 mm。

（2）中层抹灰：当底层灰六七成干时，可抹中层灰。底层灰洒水、收水后抹灰，厚度略高于标筋，用刮杠按照标筋厚度刮平。待中层灰刮平后，用木抹子搓抹一遍，使其表面平整密实。

（3）阴角处理：用方尺自上而下核对方正，用阴角器上下刮抹搓平（图 3.1.5），使室内房间四角方正，线脚顺直。

（4）面层抹灰：当中层灰七八成干（手指按压不下陷，略有手纹）时，可以抹面层灰。采用配合比为 1∶2.5 水泥砂浆或 1∶0.5∶3.5 水泥混合砂浆，厚度控制在 5 ~ 8 mm。

（5）养护：面层成活 24 h 后，为防止开裂和强度不足，要浇水养护不少于 3 d。

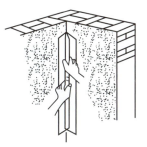

图 3.1.5　阴角处理

阅读
装饰抹灰

动画
内墙保温施工

多学一点：内墙保温做法

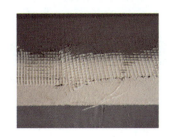

用 2 m 靠尺检查墙面平整度，最大偏差大于 4 mm 时，应用 1∶3 水泥砂浆找平。在墙面弹出外门窗水平、垂直控制线及伸缩缝线、装饰缝线等。保证保温板黏结阴角的垂直度及凸出部位的水平、垂直

网格布翻包处理：凡在聚苯板侧边外露处，都应做网格布翻包处理，裁剪翻包网的宽度为 200 mm + 保温板厚度的总和。加强保温板和墙面的黏结强度，从而保证后期保温板面层不开裂

点框法　　　　条粘法

续表

门窗洞口四角不可出现直缝,必须用整块聚苯板裁切出刀把状,且小边宽度≥200 mm,防止保温板沉降错位导致面层开裂。每刮一遍粉刷石膏厚度不宜超过6 mm,每遍石膏均要在粉刷石膏初凝后方可刮下一遍,刮涂粉刷石膏不得超过20 mm,超过部分每10 mm需增加一层网格布	聚苯板抹完专用黏结剂后必须迅速粘贴到墙面上,避免黏结剂结皮而失去黏结性。粘贴聚苯板时应轻柔、均匀挤压聚苯板,并用2 m靠尺和拖线板检查板面平整度和垂直度。粘贴时注意清除板边溢出的黏结剂,使板与板间不留缝。
	安装固定件:应在粘完板24 h后安装固定件,固定件长度比板厚50 mm。用冲击钻在聚苯板表面向内打孔,孔径视固定件直径而定,进墙深度不小于60 mm,拧入固定件,钉头和压盘应略低于板面

四、质量验收

（1）抹灰工程主控项目及一般项目验收标准如表3.1.5所示。

表 3.1.5 抹灰工程主控项目及一般项目验收标准

项目	项目要求
主控项目	抹灰前基层表面的尘土、污垢、油渍等应清除干净,并应洒水润湿
	一般抹灰所用材料的品种和性能应符合设计要求,水泥的凝结时间和安定性复验应合格,砂浆的配合比应符合设计要求
	抹灰工程应分层进行。当抹灰总厚度大于或等于35 mm时,应采取加强措施。不同材料基体交接处表面的抹灰,应采取防止开裂的加强措施,当采用加强网时,加强网与各基体的搭接宽度不应小于100 mm
	抹灰层与基层之间及各抹灰层之间必须黏结牢固,抹灰层应无脱层、空鼓,面层应无爆灰和裂缝
一般项目	普通抹灰表面应光滑、洁净,接槎平整,分格缝应清晰
	高级抹灰表面应光滑、洁净、颜色均匀、无抹纹,分格缝和灰线应清晰美观
	护角、孔洞、槽、盒周围的抹灰表面应整齐、光滑;管道后面的抹灰表面应平整
	抹灰层的总厚度应符合设计要求;水泥砂浆不得抹在石灰砂浆层上;罩面石膏灰不得抹在水泥砂浆层上
	抹灰分格缝的设置应符合设计要求,宽度和深度应均匀,表面应光滑,棱角应整齐
	有排水要求的部位应做滴水线(槽)。滴水线(槽)应整齐顺直,滴水线应内高外低,滴水槽的宽度和深度均不应小于10 mm

（2）一般抹灰的允许偏差和检验方法如表3.1.6所示。

表 3.1.6　一般抹灰的允许偏差和检验方法

项目	允许偏差/mm		检验方法
	普通抹灰	高级抹灰	
立面垂直度	4	3	用 2 m 垂直检测尺检查
表面平整度	4	3	用 2 m 靠尺和塞尺检查
阴阳角方正	4	3	用直角检测尺检查
分格条(缝)直线度	4	3	拉 5 m 线,不足 5 m 拉通线,用钢直尺检查
墙裙、勒脚上口直线度	4	3	拉 5 m 线,不足 5 m 拉通线,用钢直尺检查

任务拓展

● 课堂训练

1. 一般抹灰的构造主要包括:_____、_____、_____。

2. 不同材料基体交界处,在抹灰前应铺钉_____,以防止其开裂,材料搭接宽度不小于_____ mm。

答案　课堂训练

3. 灰饼(标志块)做法:用 1∶3 水泥砂浆在距顶棚_____ mm,距墙阴角_____ mm 处抹灰饼,大小 50 mm×50 mm 见方,厚度为_____层抹灰的厚度。

4. 当墙的立面小于 3 500 mm 时做_____向标筋(竖筋)。墙的立面高度大于 3 500 mm 时做_____向标筋(横筋)。

● 学习思考

根据所学相关知识,以小组为单位进行讨论,分析图 3.1.6 所示室外抹灰墙面出现问题的原因。为防止类似问题的产生,施工过程中应该注意哪些方面?

图 3.1.6　室外抹灰墙面

任务 2　陶瓷面砖内墙构造与施工

任务目标

通过本任务的学习,达到以下目标:

1. 培养学生爱岗敬业的岗位情怀。

2. 了解陶瓷面砖镶贴的主要材料及装饰构造。

3. 掌握陶瓷面砖镶贴的施工技术要点,培养学生严谨精细的职业素养。

课件　内墙陶瓷面砖构造与施工

任务描述

● 任务内容

现有陶瓷饰面砖、水泥、砂等材料,将一室内墙面满贴陶瓷面砖,工程施工完成后达到《建筑装饰装修工程质量验收标准》（GB 50210—2018）的验收要求，绘制墙面陶瓷釉面砖镶贴的装饰构造，编制墙面陶瓷釉面砖镶贴的施工流程。陶瓷面砖的装饰效果示例如图 3.2.1 所示。

图 3.2.1　陶瓷面砖装饰示例

动画
卫生间（防水）墙面贴砖

● **实施条件**

1. 墙面内的相关线路敷设工作已完成。
2. 墙面的基层浮土、油污等已处理完成。
3. 施工温度不低于 5 ℃。
4. 抹灰机具、材料及脚手架等已就绪。

相关知识

一、认识陶瓷面砖镶贴的构造

构造如图 3.2.2 所示，在墙柱面基层上抹 1∶3 水泥砂浆找平层，厚度控制在 15 mm，然后用湿贴法或胶粘法粘贴陶瓷面砖。湿贴法砂浆一般用 1∶2 水泥砂浆或 1∶0.2∶2.5 水泥石灰砂浆，厚度一般为 6～10 mm。胶粘法：如果釉面砖的尺寸较小、重量较轻时可用专用胶黏剂，涂抹在砖背面的四角和中央进行粘贴。

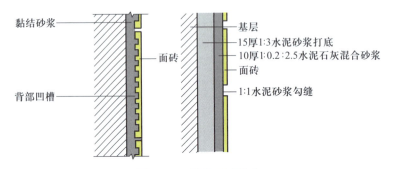

　黏结砂浆
　面砖
　背部凹槽

　基层
　15厚1:3水泥砂浆打底
　10厚1:0.2:2.5水泥石灰混合砂浆
　面砖
　1:1水泥砂浆勾缝

图 3.2.2　陶瓷面砖构造

二、选择陶瓷面砖镶贴材料及机具

1. 选择材料

室内陶瓷面砖镶贴过程中主要采用陶瓷面砖、水泥、砂浆、108 胶、石灰等材料，如表 3.2.1 所示。

表 3.2.1 陶瓷面砖镶贴材料

材料名称	说明
陶瓷面砖	陶瓷面砖的样式、花色多样,有整砖和异形砖配件,在选择陶瓷面砖时应有产品合格证,表面光洁、质地坚硬、四角方正,每块瓷砖的色泽一致,不得有暗痕、裂纹,吸水率小于 10%,各项性能指标应符合现行国家标准的规定
黏结材料	强度等级为 42.5 级的普通硅酸盐水泥(或矿渣硅酸盐水泥)、中砂、白水泥、石灰膏(石灰膏不得有未熟化颗粒)
黏结剂	108 胶、勾缝剂等应有合格证、使用说明、性能检测报告

2. 选择机具

(1)电动机具:切割机、冲击钻、手电钻。

(2)手动机具:水平尺、托线板、小铁锤、钢錾、木槌、垫板、开刀、墨斗、木拍板、小线线坠。

三、施工流程及要点

(一)编制施工流程

内墙陶瓷面砖镶贴的施工流程:基层处理→抹底、中层灰→选砖、浸砖→镶贴→勾缝、清理。

(二)施工要点

动画
墙砖铺贴施工工艺

1. 基层处理

内墙基层分为:混凝土墙面、加气混凝土墙面、砖砌墙面。墙面表面砂浆、油污等用钢丝刷或清洗剂清洗干净,墙面基层凹进部位用水泥砂浆填平,凸出部位剔平,要保持墙面基层干净、平整、坚固,墙面基层处理方法如表 3.2.2 所示。

表 3.2.2 墙面基层处理方法

基层分类	处理方法
混凝土墙面	(1)混凝土光滑基层:应进行毛化处理,清除表面浮土、油污,洒水润湿,用 1:1 水泥砂浆喷洒到光滑墙面,使墙面出现水泥砂浆凸点。 (2)墙面基层凸出部位:先剔平凸出部分,达到平整、毛糙程度,刷界面剂一道。 (3)不同材料交界处:用钢丝网压盖接缝,射钉钉牢。 (4)孔洞处:用 1:2 或 1:3 水泥砂浆找平
加气混凝土墙面	用钢丝刷将粉末清理干净,刷界面剂一道,为加强墙体基层整体牢固性,满钉镀锌钢丝网,丝径 0.7 mm,孔径 32 mm×32 mm,钉子用 φ6 mm U 形钉,钉距不大于 600 mm,梅花形布置
砖砌墙面	用钢丝刷清理墙面基层粉末,用清洗剂清洗墙面基层油污。提前一天浇水湿润,润湿深度为 2~3 mm。抹 1:3 水泥砂浆,为加强找平层与陶瓷面砖的粘贴,用木条刮毛

对于墙面有空鼓或者已有装饰面砖需要重新镶贴面砖的基层处理做法如图 3.2.3 所示。

先检查墙面已松动、空鼓、起翘部位,局部人工凿除,排除安全隐患

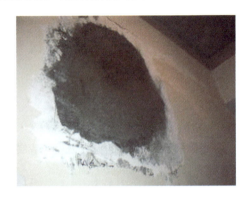

装饰面砖铲除后,仔细敲打基层砂浆检查,空鼓基层砂浆务必铲除干净并重新填充抹实

装饰面砖务必铲除干净,个别粘贴比较牢固的墙砖可用电动扁铲进行拆除

保证铲除后的墙面基层结实,无砂粒松动状况,涂刷108胶或界面剂固化基层

图 3.2.3　基层处理

基层清理施工工艺

2. 抹底、中层灰

陶瓷面砖镶贴前需要先做底、中层灰作为找平层,底层灰厚度控制在 5 mm,抹后扫毛,待六七成干时抹中层灰,厚度控制在 8 ~ 12 mm,随即用木杠刮平,木抹子搓毛,七八成干时浇水养护。

> **想一想:**
> 　抹灰过程可以简化成一遍抹灰吗? 为什么?

确定室内 50 cm 水准线,找出地面标高,按墙面面积计算纵横皮数,弹出面砖水平、垂直控制线,整块面砖要放在墙面关键部位,块砖放在边角处,弹线时注意相邻两块砖缝隙宽度应符合设计要求,弹线的水平方向和垂直方向的砖缝一致。面砖镶贴排列方法,主要有直缝和错缝两种(图 3.2.4)。

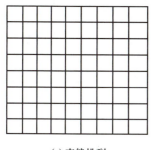 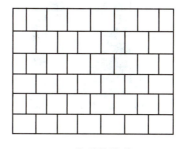

(a) 直缝排列　　　　　　　　　　(b) 错缝排列

图 3.2.4　面砖缝隙

3. 选面砖、浸砖

(1) 选砖。预先用木条钉方框模子,将瓷砖拆包后进行套选,长、宽偏差不得超过 ±1 mm,平整度检查不得超过 ±0.5 mm,外观有裂缝、缺棱掉角和表面上有缺陷的砖剔除不用,并按花型、颜色挑选后分别堆放,要求同一墙面或同一房间必须使用同种规格的瓷砖。

> **做一做:**
> 　调研建筑装饰材料市场或查找相关资料,如何挑选饰陶瓷面砖?

(2) 浸砖。陶瓷面砖镶贴前要进行入水浸砖(图 3.2.5),浸水时间不少于 2 h,取出后阴干 6 h,达到砖表面手摸无水感为宜,同时注意瓷砖的放置方法。

图 3.2.5　浸砖

> **想一想:**
> 　为什么要进行浸砖?

4. 镶贴

在陶瓷面砖正式镶贴前墙上用陶瓷面砖块作标志块,托线板挂直,控制粘贴砖的厚度。标志块间距为 1.5 m,在门洞口或阳角处,双面挂线。

陶瓷面砖应自下向上镶贴,无要求时,缝隙宽度一般在 1~1.5 mm 或按设计要求确定缝宽。将加工平整的木托长条浸水后,粘贴在墙面第一排陶瓷面砖弹线位置(支撑陶瓷面砖),陶瓷砖背面应满抹 1∶2 水泥砂浆,为增加砂浆和易性和保水性应掺入少量石灰膏或者掺入水泥量 2%~3% 的 108 胶黏结,厚度为 5 mm,四周刮成斜面。将面砖贴在墙面上用力按压,然后用橡皮锤轻击砖面,使面砖紧密粘在墙面上(图 3.2.6)。镶贴 5~10 块后,用靠尺板检查平整度(图 3.2.7)。当镶贴上一层面砖时可用等厚度的塑料皮(将塑料皮剪成 7～8 mm),放置在砖两端,用来控制面砖缝隙宽度。镶贴的原则是自下而上,先大面后细部,有拼花的部位提前将腰线粘贴好。

图 3.2.6　陶瓷面砖镶贴

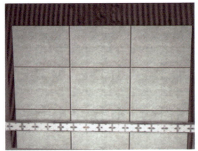

图 3.2.7　检查平整度

做一做:
　　通过小组讨论的形式,选出组长详细表述如何进行门窗双面挂线?

5. 勾缝、清理

　　将填缝剂倒入装有适量清洁水的搅拌容器中,用电动搅拌器进行搅拌,搅拌均匀后静置 5 min 使填缝剂充分吸收水分,再进行一次搅拌并检查填缝剂的黏稠度是否合适,黏稠度合适即可进行勾缝,如图 3.2.8 所示。搅拌好的填缝剂的开放时间为在桶中 1.5 h。面砖贴完后应清理、检查,如图 3.2.9 所示。

清理砖缝,瓷砖缝应该干净,而且缝深不能低于砖厚度的50%。用橡胶抹子涂抹填缝剂,涂抹方向与砖缝成45°夹角,用力使填缝剂挤入砖缝直至填满,然后用抹布擦拭掉多余的填缝剂

图 3.2.8　勾缝

陶瓷面砖镶贴完成后,用空鼓锤通过敲击方式检查有无空鼓及不平整处

图 3.2.9　清理

任务拓展

答案
课堂训练

● 课堂训练

1. 面砖镶贴排列方法,主要有＿＿＿＿＿和＿＿＿＿＿两种。

2. 预先用木条钉方框模子,将瓷砖拆包后进行套选,长、宽偏差不得超过＿＿＿＿mm,平整度检查不得超过＿＿＿＿＿mm。

3. 为增加砂浆_____和_____,砂浆中应掺入少量石灰膏或者水泥量2%~3%的108胶,面砖背面砂浆厚度应为5 mm,四周刮成_____。

4. 清理砖缝,瓷砖缝应该干净,而且缝深不能低于砖厚度的_____。用橡胶抹子涂抹填缝剂,涂抹方向与砖缝成_____夹角,然后用力使填缝剂挤入砖缝直至填满,用抹布擦拭掉多余的填缝剂。

● 学习思考

1. 根据所学相关知识,试分析为什么装饰面砖背面四周砂浆刮成斜面。

2. 根据所学勾缝、清理相关知识或查找相关资料,具体说明如何检查镶贴完成的墙面有无空鼓现象。

任务 3　铝单板墙面装饰构造与施工

任务目标

通过本任务的学习,达到以下目标:

1. 掌握铝单板安装的材料及装饰构造,深入理解绿色循环、低碳发展的趋势。

2. 理解铝单板施工技术要点,培养学生精益求精的工匠精神。

3. 熟悉铝单板工程质量验收标准,树立工程质量意识。

任务描述

● 任务内容

某商场为满足防火、耐久性及施工进度等要求,外墙装饰计划采用厚度为4.0 mm铝单板,如图3.3.1所示。要求铝合金表面处理层厚度和材质应符合国家现行标准《铝合金建筑型材　第1部分:基材》(GB/T 5237.1—2017),列出铝单板主要材料、绘制铝单板装饰构造及编制铝单板施工技术方案。

● 实施条件

1. 墙面内的相关线路敷设工作已完成。

2. 搭设双排脚手架,距墙面不小于50 cm。

3. 外墙面底层抹灰施工完毕,并检查验收合格。

图 3.3.1　铝单板墙面装饰

4. 复检建筑主体结构的垂直度、平整度偏差以及外墙窗洞口位置。

相关知识

一、认识铝单板装饰构造

铝单板是以铝合金为基材,进行数控折弯等技术成型,表面采用喷涂、辊涂、覆膜、穿孔及阳极氧化等处理,形成一种新型建筑材料,适用于大型工装、商业建筑及公共场所的室内外墙柱面装修。

1. 铝单板装饰工程主要特点

铝单板重量轻、刚性好、强度高,3.0 mm 厚铝单板每平方板重是不锈钢的 1/3;耐久性和耐腐蚀性好;工艺性好,根据使用要求可加工成平面、弧形、曲面和球面等各种几何形状;颜色多样、选择空间大;施工方便快捷,工厂生产加工,施工现场不需裁切,固定在骨架上即可;可回收利用,绿色低碳环保,铝单板可 100% 回收;便于清洁保养,氟涂料膜的非黏结性,具有很好的向洁性。铝单板构造见表 3.3.1。

表 3.3.1　铝单板构造

铝单板构造	图示
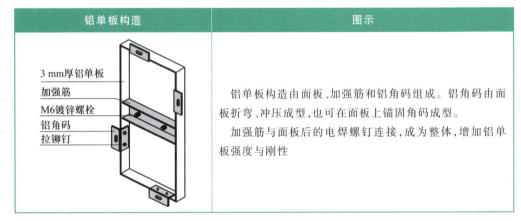 3 mm厚铝单板 加强筋 M6镀锌螺栓 铝角码 拉铆钉	铝单板构造由面板、加强筋和铝角码组成。铝角码由面板折弯、冲压成型,也可在面板上锚固角码成型。 加强筋与面板后的电焊螺钉连接,成为整体,增加铝单板强度与刚性

> **做一做:**
> 查阅相关资料,小组内讨论在铝单板装饰工程中,铝单板有哪几种固定方式并简要描述。

2. 铝单板装饰工程构造

铝单板装饰工程构造主要包括基层、龙骨骨架、面层三部分,如图 3.3.2 所示。

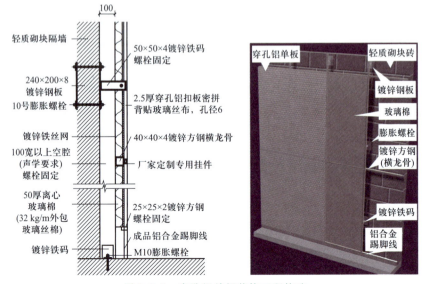

图 3.3.2　穿孔铝单板装饰工程构造

想一想：

铝单板角码如何与龙骨固定？

二、选择装饰材料、机具

1. 选择材料

铝单板装饰工程主要材料包括铝单板、镀锌方钢、镀锌钢板等，如表 3.3.2 所示。

表 3.3.2　铝单板装饰工程主要材料

主要材料	介绍	图示
铝单板	铝单板常用厚度：1.0 mm、1.5 mm、2.0 mm、2.5 mm、3.0 mm、4.0 mm，室外厚度最薄一般为 4.0 mm，室内采用厚度为 3.0 mm。 规格为（900～1 300 mm）×4 000 mm，或可以定制尺寸	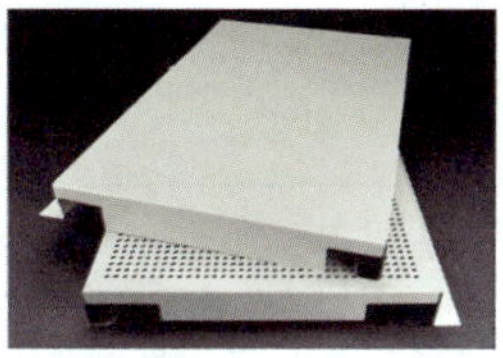
膨胀螺栓	膨胀螺栓（10 号）将镀锌钢板固定于墙体	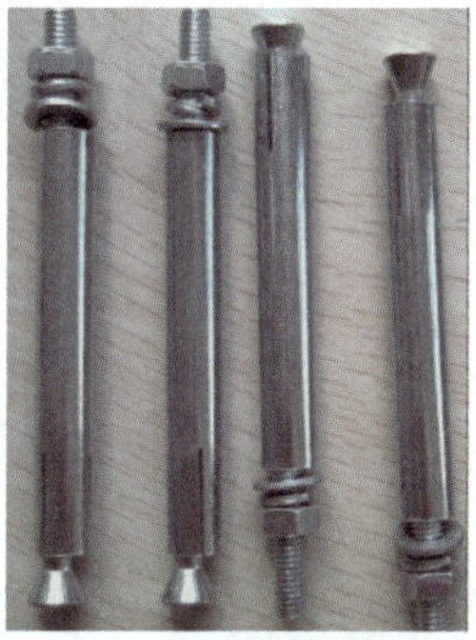
镀锌方钢	40 mm×40 mm×4 mm 镀锌方钢作为横向龙骨	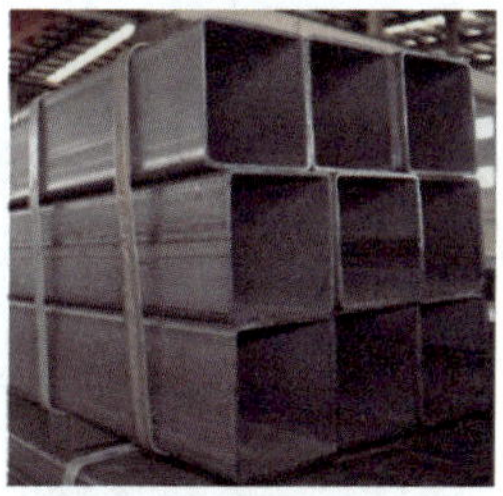
泡沫棒	密封相邻两块铝单板的空隙	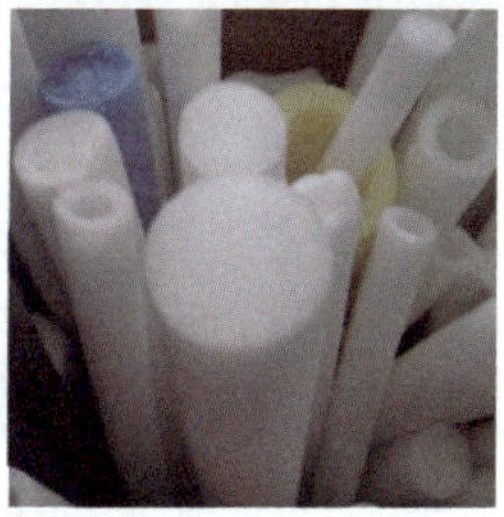

续表

主要材料	介绍	图示
密封材料	硅酮结构密封胶,嵌缝	
镀锌钢板	将镀锌钢板切割成 240 mm×200 mm× 8 mm 规格,作为固定点	

2. 选择机具

(1)电动工具:螺丝刀、水平尺、钢卷尺、小线、线坠。

(2)手动工具:电焊机、电锤、切割机、电钻、射钉枪等。

三、施工流程及要点

(一)施工流程

铝单板装饰工程工艺流程:吊垂直、套方→现场测量尺寸→弹龙骨分档线→安装膨胀螺栓及连接件→安装方钢龙骨→安装铝单板→收口打胶→质量验收。

(二)施工要点

1. 吊垂直、套方

根据设计图纸的要求及尺寸,对要安装铝单板墙面进行吊直、套方、找规矩,如图 3.3.3 所示。实测和放线,确定尺寸及铝单板数量。

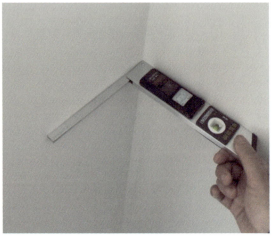

图 3.3.3　吊垂直、套方

动画
金属饰面板安装施工工艺

2. 现场测量尺寸

现场测量墙面实际尺寸(图 3.3.4),根据设计图纸与现场实际情况重新进行铝单板排版,制作样板墙面,样板确认后工厂批量制作。

> **想一想:**
>
> 在现场测量尺寸时为什么要先制作铝单板样板墙面?

图 3.3.4　测量

3. 弹龙骨分档线

在建筑主体结构上按设计图要求准确地弹出骨架安装位置,如图 3.3.5 所示。详细标注钢板固定件位置。如果设计无要求则按垂直于条板、扣板的方向布置龙骨,间距 500 mm 。如果装修的墙面面积较大或是将安装铝单板方板,龙骨(构件)应横竖焊接成网架,放线时应依据网架的尺寸弹放。

图 3.3.5　龙骨分档线

4. 安装膨胀螺栓及连接件

采用金属膨胀螺栓固定钢板连接件,这种方法较灵活,尺寸误差小,容易保证准确性,采用较多,如图 3.3.6 所示。

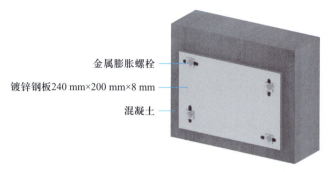

金属膨胀螺栓

镀锌钢板240 mm×200 mm×8 mm

混凝土

图 3.3.6　安装膨胀螺栓及钢板连接件

5. 安装方钢龙骨

采用 40 mm×40 mm×4 mm 镀锌方钢作为龙骨骨架。骨架与钢板连接件固定可采用角钢连接或焊接,如图 3.3.7 所示。安装中应随时检查标高、中心线位置。对于面积较大、层高较高的外墙铝板饰面骨架竖杆,必须用线坠和仪器测量校正,保证垂直度和平整度,如图 3.3.8 所示。

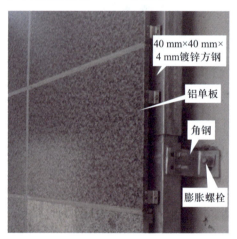

40 mm×40 mm×
4 mm镀锌方钢

铝单板

角钢

膨胀螺栓

图 3.3.7　角钢连接　　　　　　　　　图 3.3.8　检查平整度

注意,连接焊缝时需清理焊渣和涂刷防锈漆,如图 3.3.9、图 3.3.10 所示;方钢与钢板固定连接件应作隐蔽检查记录,主要包括焊缝长度、厚度、位置,膨胀螺栓的埋置标高、数量与嵌入深度。

图 3.3.9　清理焊渣　　　　　　　　　图 3.3.10　涂刷防锈漆

6. 安装铝单板

采用抽芯铝铆钉固定铝单板,中间必须垫橡胶垫圈,抽芯铝铆钉间距 150 mm,用锤钉固在龙骨上。采用螺钉固定时,先用电钻在拧螺钉的位置钻一个孔,再将铝合金装饰板用自攻螺钉拧牢。由于相邻两块铝单板的铝角码是错位安装,铝单板一边用螺钉固定,另一边则插入前一根条板槽口一部分,正好盖住螺钉,安装完成的墙、柱面螺钉不外露。板材应采用搭接,不得对接。注意搭接时不得有透缝现象,如图 3.3.11 所示。

(a) 用螺钉将铝单板固定在方钢骨架上　　　　　(b) 相邻铝单板铝角码错位安装

图 3.3.11　安装铝单板

7. 收口打胶

铝单板与骨架连接可以采用配套的连接板或钢板连接件。铝单板没有做槽口承插,固定时要留缝,板与板之间留缝一般为 10 ~ 20 mm。为了遮挡螺钉及配件,缝隙中用泡沫棒做嵌缝处理,如图 3.3.12 所示。

 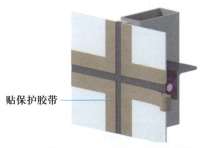

泡沫棒

(a) 用滚轮将泡沫棒塞入铝单板缝隙处　　　　(b) 为防止胶污染铝单板,四周贴保护胶带

贴保护胶带

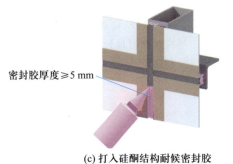 

密封胶厚度≥5 mm

刮胶,清除保护胶带

(c) 打入硅酮结构耐候密封胶　　　　　　(d) 刮胶,等胶干后清除保护胶带

图 3.3.12　缝隙处理

8. 收口处理

在铝单板端部、压顶、伸缩缝、沉降缝位置处应进行收口处理,以满足装饰和使用要求,收口处理一般采用铝合金盖板,如图 3.3.13 所示。

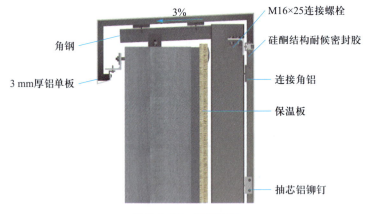

图 3.3.13　收口处理

> **做一做:**
>
> 以小组为单位,讨论铝单板顶部收口做法,并绘制竖剖图。

9. 成品保护

为保护刚完工的铝单板墙面,施工过程铝单板原有不干胶保护膜保留完好,一个月内撕掉保护膜,避免氧化留胶。没有保护膜的材料,施工完成后应用塑料胶纸覆盖,加以保护,容易被碰撞、划伤处应加栏杆防护,直至工程交付验收。

四、质量验收

1. 项目验收

铝单板安装的主控项目及一般项目验收标准如表 3.3.3 所示。

表 3.3.3　主控项目及一般项目验收标准

项目	质量要求	检验方法
主控项目	铝单板的品种、规格、颜色和性能应符合设计要求。 铝单板安装工程的预埋件(或后置埋件)、连接件的数量、规格、位置、连接方法和防腐处理必须符合设计要求。后置埋件的现场拉拔强度必须符合设计要求。饰面板安装必须牢固	手扳检查;检查进场验收记录、现场拉拔检测报告、隐蔽工程验收记录和施工记录
一般项目	铝单板表面应平整、洁净,色泽一致,无裂痕和缺损	观察;尺量检查

2. 允许偏差和检验方法

铝单板安装的允许偏差和检验方法如表3.3.4所示。

表3.3.4　铝单板安装的允许偏差和检验方法

项次	检验项目	允许偏差/mm	检验方法
1	立面垂直度	2	用垂直度检测尺检查
2	表面平整度	3	用2 m靠尺和塞尺检查
3	阴阳角方正	3	用直角检测尺检查
4	墙裙、勒脚上口直线度	1	拉5 m通线,不足5 m用钢直尺检查
5	接缝直线度	2	拉5 m通线,不足5 m用钢直尺检查
6	接缝高低差	1	用钢直尺和塞尺检查
7	接缝宽度	1	用钢直尺检查

任务拓展

● 课堂训练

1. 方钢与钢板固定连接件应做隐蔽检查记录,主要包括_____、厚度、位置,膨胀螺栓的_____、_____与嵌入深度。

2. 根据_____与现场实际情况重新进行铝单板排版,制作_____墙面,样板确认后工厂批量制作。

3. 采用镀锌方钢作为_____。骨架与钢板连接件固定可采用_____或_____。

4. 铝单板安装允许偏差和检验方法,表面平整度_____mm,检查工具用_____、_____、_____。

答案
课堂训练

● 学习思考

根据所学相关知识,以小组为单位进行讨论,分析图3.3.14相邻两块铝单板安装,简要描述连接方式、施工流程及施工技术要点。

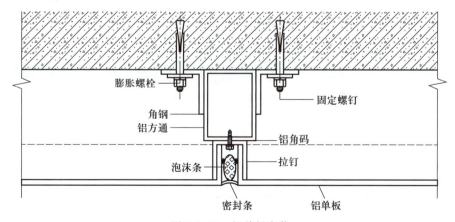

图3.3.14　铝单板安装

任务4   涂料工程构造与施工

任务目标

通过本任务的学习,达到以下目标:

1. 理解涂料工程主要装饰材料及装饰构造。
2. 掌握涂料工程施工技术要点,培养学生精益求精、追求卓越的工匠精神。
3. 熟悉涂料工程的质量验收标准,树立装饰工程质量意识。

课件
涂料工程构造与
施工

任务描述

● 任务内容

现有合成树脂乳液涂料(乳胶漆)、腻子、封闭底漆等墙面涂料材料,现将一室外墙面进行涂刷,完成室外合成树脂乳液涂料工程的装饰构造做法,编制施工流程。

● 实施条件

1. 墙面的基层浮土、油污、粉化松脱物等已处理完成。
2. 墙面无渗水、裂缝、空鼓、起泡孔洞等结构问题。
3. 室外施工温度不低于5 ℃,湿度低于8%。
4. 抹灰机具、材料及脚手架等准备完成。

相关知识

一、认识涂料工程构造

涂料工程是将涂料通过喷、涂、抹、滚等工艺,在墙柱面上黏结形成坚韧保护膜,对墙体进行保护、装饰。涂料工程与其他饰面类工程相比具有工期短、自重轻、价格低、维修方便等特点,无论在住宅空间还是公共空间都应用十分广泛。涂料墙面的构造可分为三部分:底层、中层和面层,如表3.4.1所示。

表 3.4.1   涂料墙面装饰构造

构造分类	说明
底层	所谓底层就是底漆,直接在腻子上涂刷。通过刷底漆可有效防止木脂、可溶性盐等物质渗出;增加涂层与腻子间的牢固性;将浮土、灰尘等颗粒有效固定在基层上
中层	中层涂料施工是工程质量的关键工序,通过施工形成一定厚度的涂层,既有效保护基层,又形成某种装饰效果
面层	面层直接体现装饰效果、质感等,除了美化功能外,面层还具有坚固、耐磨、耐腐蚀等特点,施工过程中一般情况面层应涂刷两遍

外墙涂料工程装饰构造示例如图3.4.1所示。底层包括水泥砂浆找平层、黏结

层;中层包括保温板、抗裂砂浆、玻纤网格布;面层包括底漆、腻子、外墙涂料。

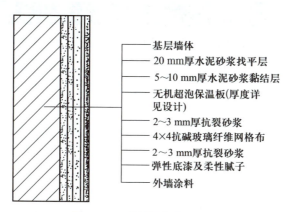

基层墙体
20 mm厚水泥砂浆找平层
5～10 mm厚水泥砂浆黏结层
无机超泡保温板(厚度详见设计)
2～3 mm厚抗裂砂浆
4×4抗碱玻璃纤维网格布
2～3 mm厚抗裂砂浆
弹性底漆及柔性腻子
外墙涂料

图 3.4.1　外墙涂料构造示例

二、选择材料及机具

1. 选择主要材料

（1）外墙涂料:应有品名、种类、颜色、出厂日期、有效期、使用说明和产品合格证书、性能检测报告及进场验收记录,要求耐水性、耐候性好。

（2）腻子:塑性、和易性等满足使用要求,耐碱性、耐候性好,干燥后无粉化、起皮、开裂,具有一定的透气性。

2. 选择机具

（1）电动机具:空气压缩机(气压 0.8 MPa、排气量 0.6 m³)、手提电动搅拌器。

（2）手动机具:喷枪、毛刷、涂料滚子、排笔和塑料小桶等。

三、施工流程及要点

（一）施工流程

涂料工程工艺流程:基层清理→填补腻子→刮腻子→磨平→灯光验收→涂刷底漆→涂刷面漆。

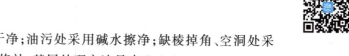
动画
墙面涂饰施工工艺

（二）施工要点

1. 基层清理

墙面涂料施涂前将墙面浮土清扫干净;油污处采用碱水擦净;缺棱掉角、空洞处采用 1∶3 水泥砂浆或者聚合物水泥砂浆修补,基层处理方法见表 3.4.2。

表 3.4.2　基层处理方法

基层部位	处理方法
空鼓	面积大于 10 cm² 的空鼓,将空鼓部位全部铲除,清理干净,重新做基层,若局部空鼓小于 10 cm²,则用注射低黏度的环氧树脂进行修补
孔洞	基层表面 3 mm 以下的孔洞,采用聚合物水泥腻子找平,大于 3 mm 的孔洞采用水泥砂浆修补,待干后磨平

续表

基层部位	处理方法
缝隙	细小裂缝采用腻子修补(修补时要求薄批而不宜厚刷),干后用砂纸打平;对于大的裂缝,可将裂缝部位凿成 V 字形缝隙,清扫干净后做一层防水层,再嵌填 1∶2.5 水泥砂浆,干后用砂纸打磨平整
粉尘	使用扫帚、高压水、毛刷清理
灰浆、霉菌	用铲、刮刀去除,并用高压水冲洗,用清水漂洗晾干

2. 填补腻子并磨平

(1)填补腻子。墙面空洞处要填补腻子。将腻子、108 胶、细砂拌和,保证腻子饱满,具有较好的黏结性及耐水性。用腻子刀宜薄批而不宜厚刷,厚度以 0.5 mm 为宜,否则容易出现开裂和脱落。掌握好刮涂时工具的倾斜度,用力均匀,填满、填实(图 3.4.2),然后进行打磨。

刮腻子遍数由墙面平整度决定,一般为三遍。用刮板横向满刮,每刮板接头不得留槎,最后收头要干净利落。找补阴阳角及坑凹处,修阴阳角,用钢片刮板满刮腻子,将墙面刮平刮光。

图 3.4.2　填补腻子

> 想一想:
> 刮腻子遍数能否一遍就可以?为什么?

(2)磨平。打磨时必须在基层腻子干燥后进行。磨平包括手动打磨、机械打磨(图 3.4.3)。打磨后基层的平整度达到在侧面光照下无明显批刮痕迹、无粗糙感,且表面光滑。打磨后,立即清除表面灰尘。

(3)第一次灯光验收。底漆涂刷前,采用 40 W 日光灯放置在设计光源位置,观察腻子找平层平整度,以表面反光均匀无凹凸为通过(图 3.4.4)。大面积墙体用 2 m 靠尺及塞尺检查平整度,合格后方可进行抗碱底漆施工。

先用粗砂布,后用细砂布打磨。手工打磨应将砂纸包在打磨器上,往复用力推动垫块。打磨时用日光灯配合,整个腻子面要打磨平整光滑,阴阳角垂直一致

机械打磨采用电动打磨机。将砂纸夹于打磨机上,轻轻地在基层上面推动,严禁用力按压以免电动机过载受损

图 3.4.3　磨平

3. 涂刷漆料

(1)涂刷第一遍底漆。涂刷前腻子找平层的基面含水率应小于 10%。在基面上均匀地滚涂、刷涂一层抗碱封闭底漆,进行封底处理。大面积可用滚涂,边角处用毛刷小心刷涂,直到完全无渗色为止。

(2)涂刷面漆。滚涂:选用优质短毛滚子,先刷顶板后刷墙面(图 3.4.5)。乳胶漆使用前应搅拌均匀,可适当加水稀释,防止第一遍漆刷不开,干燥后复补腻子。再干燥后磨光扫净,阴角处用 6 cm 小滚滚涂,达到颜色一致。漆膜干燥后将墙面小疙瘩或排笔毛打磨掉,磨光滑后清扫干净。

滚涂时按自下而上、再自上而下按W形将涂料在基面上展开,然后竖向一直涂抹。滚涂的宽度大约是滚筒长度的 4 倍,在滚筒的 1/3 处重叠,以免滚筒交接处形成明显的痕迹。

图 3.4.4　灯光验收　　　　　　　　图 3.4.5　涂刷面漆

高压无气喷涂是涂层质量最好的一种施工方式,喷嘴与墙面垂直,呈 Z 形向前推进,纵横交叉进行,喷枪移动要平衡涂布量,防止发生堆料、流挂或漏喷等现象。但施工黏度的控制很重要,黏度过高,涂层会形成桔皮,过低会流挂,喷嘴和基面一般相距约 30 cm。

四、质量验收

1. 主控项目

（1）检查涂料涂饰工程所用涂料的品种、型号和性能应符合设计要求。

（2）检查涂料涂饰工程的颜色、图案应符合设计要求。

（3）涂料涂饰工程应涂饰均匀、黏结牢固，不得漏涂、透底、起皮和掉粉。

（4）涂料涂饰工程的基层处理应符合一般要求中对基层处理的要求。

2. 一般项目

（1）薄涂料的涂饰质量和检验方法应符合表 3.4.3 的规定。

表 3.4.3　薄涂料涂饰质量和检验方法

项次	项目	普通涂饰	高级涂饰	检验方法
1	颜色	均匀一致	均匀一致	观察
2	泛碱、咬色	允许少量轻微	不允许	
3	流坠、疙瘩	允许少量轻微	不允许	观察
4	砂眼、刷纹	允许少量轻微砂眼、刷纹	无砂眼、无刷纹	
5	装饰线、分色线直线度允许偏差/mm	2	1	拉 5 m 线，不足 5 m 拉通线，用钢尺检查

（2）厚涂料的涂饰质量和检验方法应符合表 3.4.4 厚涂料涂饰质量和检验方法。

表 3.4.4　厚涂料涂饰质量和检验方法

项次	项目	普通涂饰	高级涂饰	检验方法
1	颜色	均匀一致	均匀一致	
2	泛碱、咬色	允许少量轻微	不允许	观察
3	点状分布	—	疏密均匀	

任务拓展

● 课堂训练

根据所学外墙涂料装饰构造相关知识，写出图 3.4.6 所示外墙涂料工程构造的名称。

1—

2—

3—

4—

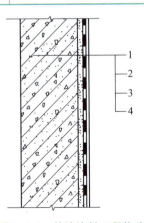

图 3.4.6　外墙涂料工程构造

任务 5　石材干挂构造与施工

任务目标

通过本任务的学习,达到以下目标:

课件
石材干挂与施工

1. 理解石材干挂的主要材料及装饰构造,让学生深入理解绿色循环、低碳发展的行业发展趋势。

2. 掌握石材饰面施工技术要点,培养学生精益求精、追求卓越的工匠精神。

3. 理解石材干挂工程主控项目、一般项目的质量验收标准,树立装饰工程质量意识。

任务描述

● 任务内容

某大型商场外墙进行装修,采用石材干挂技术。绘制外墙石材装饰构造图,根据构造图选择装饰材料、机具,并编制施工流程;施工完成后进行质量验收,质量达到《建筑装饰装修工程质量验收标准》(GB 50210—2018)的要求。

● 实施条件

1. 门窗已安装完成且符合质量要求。

2. 检查石材规格、品种、数量、力学性能和物理性能符合设计要求,并进行表面处理。

3. 双排脚手架搭设完成。

4. 水电、设备及墙基层预埋件安装完成。

5. 安装系统的隐蔽工程项目已经验收。

6. 大面积施工前先做样板,经质检部门鉴定合格后,方可组织班组施工。

相关知识

一、认识石材干挂构造

石材干挂法又名空挂法,它是在主体结构上设主要受力点,通过金属挂件将石材固定在建筑物上,形成石材装饰幕墙,如图 3.5.1 所示。该工艺是利用耐腐蚀的螺栓和耐腐蚀的柔性连接件,将花岗石、人造大理石等饰面石材直接挂在建筑结构的外表面。

石材干挂板材的固定方式有插销式、开槽式、背栓式,如图 3.5.2 所示。石材干挂能有效避免传统湿贴工艺出现的空鼓、开裂、脱落等现象,提高建筑安全性和耐久性,改善施工劳动条件,减轻劳动强度,提高工程进度,是典型的装配式安装方式。目前,石材干挂常采用背栓式,该技术广泛用于公共空间外墙。

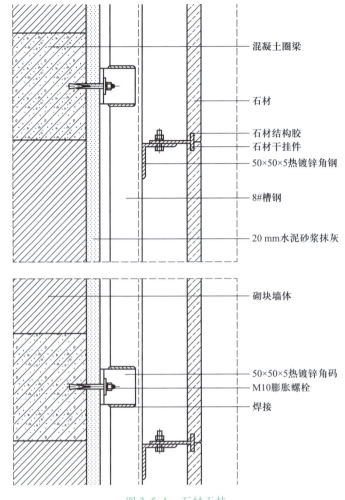

混凝土圈梁

石材

石材结构胶
石材干挂件
50×50×5热镀锌角钢

8#槽钢

20 mm水泥砂浆抹灰

砌块墙体

50×50×5热镀锌角码
M10膨胀螺栓
焊接

图 3.5.1　石材干挂

(a) 插销式　　　　　　　　　(b) 开槽式　　　　　　　　　(c) 背栓式

图 3.5.2　石材干挂方式

做一做：

　　根据所学相关知识，查看图3.5.2所示石材干挂方式中插销式、开槽式两种方式，小组内讨论交流，说出插销式、开槽式两种方法的区别。

二、选择石材干挂材料及机具

1. 选择石材干挂材料

石材干挂材料主要包括石材、合成树脂胶、嵌缝膏等，如表3.5.1所示。

表3.5.1　石材干挂材料

材料名称	使用说明
石材	花岗石、人造大理石等，要确定石材的品种、颜色、规格尺寸，检查抗折、抗压、抗拉、吸水性等性能
合成树脂黏结剂	用于粘贴石材背面的柔性背衬材料，要求具有防水和耐老化性
玻璃纤维网格布	石材的背衬材料
防水胶泥	用于密封连接件
防污胶条	用于石材边缘防止污染
嵌缝膏	用于嵌缝石材接缝
罩面涂料	用于石材表面防风化、污染
膨胀螺栓、连接铁件等	连接件的质量符合要求

2. 选择机具

（1）电动机具：台钻、冲击钻。

（2）手动机具：扳手、凿子、靠尺、水平尺、方尺、墨斗、灰桶等。

三、施工流程及要点

（一）施工流程

石材干挂施工流程：施工准备→安装螺栓及连接件→安装底层石板→安装上行石板→安装保温材料→嵌缝。

（二）施工要点

1. 施工准备

石材准备：用对比法挑选石材颜色，安装在同一面的颜色要一致，根据设计尺寸及图纸要求，将石材固定在台钻上打孔，打孔的一面要与钻头垂直，孔深为20 mm，孔径为5 mm。在石材背面满刷不饱和树脂胶，满贴玻璃纤维网格布，铺贴时从一边开始，随铺随赶平，铺平后刷第二遍胶。

动画
墙面石材干挂施工工艺

基层准备：将预做石材结构表面吊直、套方，弹垂直线、水平线，根据设计图纸弹出安装石材的位置线和分块线（图3.5.3）。按照图纸设计要求用经纬仪找出大角两个面的竖向控制线，最好弹在离大角20 cm位置上，以便检查垂直线准确性，采用钢丝竖向挂线，在控制线上下作出标记。

2. 安装螺栓及连接件

根据图纸放线的位置，采用冲击钻打孔（为了保证打孔位置的准确性，可先用尖錾子在预先弹好的点上凿一个点，然后打孔），孔深在60 ~ 80 mm，成孔要与结构表面垂直。如果打孔过程中遇到钢筋，可以将孔

图3.5.3　石材角码位置线

位往上或水平移动,上铁件时利用可调余量调回,安装膨胀螺栓。用不锈钢螺栓固定角钢、平钢板,固定方式如图 3.5.4 所示。调平钢板位置使平板孔与石材孔对正,固定平钢板。

(a) 角钢固定方式　　　　　　　　　　　　(b) 平钢板固定方式

图 3.5.4　角钢、平钢板固定方式

3. 安装底层石板

石材侧面连接铁件固定好后,在侧面孔处抹胶,插入固定钢针并调整石材板面,待石材全部安装好后,检查各个板面是否在一条线上,调整高低不平的石材,如图 3.5.5 所示。稍高的石材适当调出木楔,低处的石材用木楔垫平。调整好板面的水平、垂直度后检查缝隙宽度,板缝按照设计要求,误差要匀开,最后用嵌固胶将锚固件填塞。

4. 安装上行石板

将嵌固胶打入下一行石板插销内,将连接钢针插入石材小孔内,检查长度及有无伤痕,并保证垂直度。安装完成后,调整面板上口钢针另一端的伸缩口,确保石板水平度与垂直度,最后拧紧螺栓,如图 3.5.6 所示。

图 3.5.5　检查石材平整度　　　　　　　　图 3.5.6　连接钢针两端固定方式

5. 安装保温材料

在石板与墙之间的空隙中放置挤塑聚苯板保温材料,注意聚苯板厚度要略宽于空隙,以便塞严塞实。

6. 嵌缝

为了防止污染石板边,要先沿板边粘贴 40 mm 宽不干胶带,边沿要贴齐、贴严;在相邻石板缝隙处嵌入弹性泡沫条(图 3.5.7)。在填充条与石板边用嵌缝枪打入中性硅胶,硅胶可根据石板颜色添加适量矿物质颜料(图 3.5.8)。待胶干透后,清理不干胶带,用棉丝清理石材表面,将石板擦净。

图 3.5.7　嵌入弹性泡沫条

图 3.5.8　石板嵌缝处理

想一想：

为什么石材之间要嵌入泡沫条?

多学一点：

为满足建筑保温节能需要,对墙体与石板间缝隙采用岩棉进行保温处理,岩棉保温构造如图 3.5.9 所示。

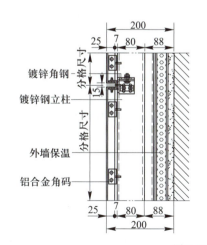

镀锌角钢

镀锌钢立柱

外墙保温

铝合金角码

图 3.5.9　岩棉保温构造

四、质量验收

1．主控项目

（1）饰面板（大理石、磨光花岗石）的品种、规格、颜色、图案必须符合设计要求和有关标准的规定。

（2）饰面板安装必须牢固，严禁空鼓，无歪斜、缺棱掉角和裂缝等缺陷。

（3）石材的检测必须符合国家有关环保规定。

2．一般项目

（1）表面：平整、洁净，颜色协调一致。

（2）接缝：填嵌密实、平直，宽窄一致，颜色一致，阴阳角处板的压向正确，非整砖的使用部位适宜。

（3）套割：用整板套割吻合，边缘整齐；墙裙、贴脸等上口平顺，凸出墙面的厚度一致。

（4）坡向、滴水线：流水坡向正确，滴水线顺直。

（5）饰面板嵌缝应密实、平直，宽度和深度应符合设计要求，嵌缝材料色泽应一致。

（6）石材安装的允许偏差和检验方法符合表 3.5.2 的规定。

表 3.5.2　石材安装的允许偏差和检验方法

项次	项目		允许偏差/mm		检验方法
			大理石	磨光花岗石	
1	立面垂直	室内	2	2	用 2 m 托线板和尺量检查
		室外	3	3	
2	表面平整		1	1	用 2 m 靠尺和楔形塞尺检查
3	阳角方正		2	2	用 20 cm 方尺和楔形塞尺检查
4	接缝平直		2	2	拉 5 m 小线，不足 5 m 拉通线和尺量检查
5	墙裙上口平直		2	2	拉 5 m 小线，不足 5 m 拉通线和尺量检查
6	接缝高低		0.3	0.5	拉钢板短尺和楔形塞尺检查
7	接缝宽度偏差		0.5	0.5	拉 5 m 小线和尺量检查

任务拓展

答案
课堂训练

● 课堂训练

1．石材干挂板材的固定方式有：_____、_____、_____。目前石材干挂常采用_____，石材干挂技术广泛用于公共空间外墙。

2．根据设计尺寸及图纸要求，将石材固定在台钻上打孔，打孔的一面要与钻头

_____,孔深为_____mm,孔径为 5 mm。在石材背面满刷不饱和树脂胶,满贴玻璃纤维网格布,铺贴时从一边开始,随铺随赶平。

3. 按照图纸要求,用经纬仪找出大角两个面的_____向控制线,弹在离大角_____cm 位置上,以便检查垂直线准确性,采用钢丝竖向挂线,在控制线上下作出标记。

4. 为了防止污染石板边,要先沿板边粘贴_____mm 宽不干胶带,边沿要贴齐、贴严,在相邻石板缝隙处嵌_____。

任务 6　裱糊工程构造与施工

任务目标

课件
裱糊工程构造与施工

通过本任务的学习,达到以下目标:
1. 理解裱糊工程的装饰构造,培养学生创新意识。
2. 掌握裱糊工程的施工流程及细部做法,强化学生遵守规范的习惯,培养法治精神。
3. 熟悉裱糊工程质量验收标准,树立工程质量意识。

任务描述

● 任务内容

酒店墙面满贴带有花纹的壁纸,注意墙面有开关及插座,要求绘制墙面壁纸的装饰构造图,根据构造图选择裱糊所用的材料、机具,编制施工流程并进行质量验收。

● 实施条件

1. 墙面基层抹灰已经干燥,含水率不大于8%(木基层不大于12%),基层不粉化、起皮。
2. 室内封闭,无穿堂风,温度不骤然变化。
3. 基层清洁、平整、线角顺直。
4. 裱糊基层或表面层质量符合设计、规范要求。
5.《建筑装饰装修工程质量验收标准》(GB 50210—2018)。

相关知识

一、认识裱糊工程装饰构造

裱糊工程对墙面基层的强度、平整度要求较高,一般采用壁纸、墙布、皮革等材料,通过裱、贴等工艺覆盖墙、柱等部位。裱糊工程材料由于颜色丰富、凹凸质感,在视觉及触觉上能给人们带来不同的装饰效果,受到人们的普遍喜爱,广泛应用于住宅、酒店、宾馆等场所。

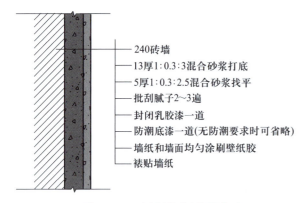

- 240砖墙
- 13厚1:0.3:3混合砂浆打底
- 5厚1:0.3:2.5混合砂浆找平
- 批刮腻子2～3遍
- 封闭乳胶漆一道
- 防潮底漆一道(无防潮要求时可省略)
- 墙纸和墙面均匀涂刷壁纸胶
- 裱贴墙纸

图 3.6.1　壁纸(墙布)裱糊构造

壁纸(墙布)裱糊要根据墙体基层的状况进行处理,各种壁纸(墙布)面层的性能不同,施工工艺有所区别,需要进行润纸或直接粘贴。壁纸(墙布)裱糊装饰构造主要有:砂浆保护及找平层、腻子找平层、底漆防潮层、壁纸装饰层等,如图 3.6.1 所示。

锦缎裱糊时,由于锦缎柔软、容易变形、不易裁剪等特点,很难在基层上进行裱糊,装饰构造与一般壁纸(墙布)有所不同。锦缎裱糊时,应在背面裱糊一层宣纸,使锦缎挺韧平整进行刷胶裱糊,锦缎裱糊构造如图 3.6.2 所示。

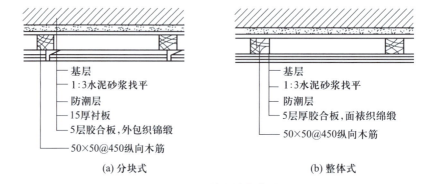

- 基层
- 1:3水泥砂浆找平
- 防潮层
- 15厚衬板
- 5层胶合板,外包织锦缎
- 50×50@450纵向木筋

(a) 分块式

- 基层
- 1:3水泥砂浆找平
- 防潮层
- 5层厚胶合板,面裱织锦缎
- 50×50@450纵向木筋

(b) 整体式

图 3.6.2　锦缎裱糊构造

二、选择裱糊材料及机具

(一)选择裱糊材料

1. 选择壁纸、墙布

目前市场上的壁纸多种多样,可以满足人们的多种需求:按壁纸材料分,有塑料壁纸、纸质壁纸、织物壁纸、玻璃纤维壁纸等;按装饰效果分,有印花壁纸、压花壁纸、浮雕壁纸等;按施工方法分,有现场刷胶、背面预涂压胶直接铺贴等;按使用功能分,有防火壁纸、耐水壁纸、装饰性壁纸等。可以将以上壁纸归纳为三种:普通壁纸、发泡壁纸和特种壁纸。壁纸及墙布的种类、特点、适用范围、规格等参见表 3.6.1～表 3.6.4。

表 3.6.1　壁 纸 种 类

类别		说明	特点	适用范围
普通壁纸	单色压花壁纸	纸面纸基壁纸,有大理石、各种木纹及其他印花等图案	花色品种多、适用面广、价格低,可制成仿丝绸、织锦等图案	居住和公共建筑内墙面
	印花壁纸		可制成各种色彩图案,并可压出立体感的凹凸花纹	

续表

类别		说明	特点	适用范围
发泡壁纸	低发泡 中发泡 高发泡	发泡壁纸,亦称浮雕壁纸,是以纸作为基材,涂塑掺有发泡剂的聚氯乙烯(PVC)糊状料,印花后,再经过加热发泡而成。壁纸表面有凹凸花纹	中、高档次的壁纸,装饰效果好,并兼有吸声功能,表面柔软,有立体感	卫生间、浴室等墙面
特种壁纸	耐水壁纸	以玻璃纤维毡作为基材	有一定的防水功能	卫生间、浴室等墙面
	防火壁纸	选用石棉纸作为基材,并在PVC涂塑材料中掺有阻燃剂	有一定的阻燃防火性能	防火要求较高的室内墙面
	彩色砂粒壁纸	在基材表面撒布彩色砂粒,再喷涂胶黏剂,使表面具有砂粒毛面	具有一定的质感,装饰效果好	一般室内局部装饰

表 3.6.2　墙 布 种 类

类别	说明	特点	适用范围
玻璃纤维布	以中碱玻璃纤维为基材,表面涂以耐磨树脂,印上彩色图案而成	色彩鲜艳,花色繁多,室内使用不褪色,不老化;防火、防潮;耐洗性好,强度高;施工简单,粘贴方便;盖底能力差;涂层磨损后散发出少量纤维	招待所、饭店、宾馆、展览馆、会议室、餐厅等内墙装饰
无纺墙布	采用棉、麻等天然纤维等,经成型、上树脂、印花而成	色彩鲜艳,图案雅致,表面光洁;有弹性、不易折断,能擦洗不褪色;纤维不老化,对皮肤无刺激;有一定的透气性和防潮性,粘贴方便	适用高级宾馆和高级住宅
化纤装饰墙布	以化纤布为基材,经一定处理后印花而成	具有无毒、无味、透气、防潮、耐磨、无分层等优点	各级宾馆、旅馆、办公室
纯棉装饰墙布	以纯棉平布经印花、涂层而成	强度大、耐擦洗、静电小、无光、吸声、无毒、无味,花型色泽美观	各级宾馆、饭店、公共建筑和较高级民用建筑内墙
高级墙布	锦缎墙布、丝绸墙布	无毒、无味、透气、吸声,花型色泽美观	宾馆、饭店、廊厅等

表 3.6.3   壁纸（墙布）规格

规格	幅宽/mm	长/m	每卷面积/m²
大卷	920 ~ 1 200	50	40 ~ 90
中卷	760 ~ 900	25 ~ 50	20 ~ 45
小卷	530 ~ 600	10 ~ 12	5 ~ 6

表 3.6.4   卷段数及卷长

级别	每段段数（不多于）	每小段长度（不小于）
优等品	2 段	10 m
一等品	3 段	3 m
合格品	6 段	3 m

2. 选择胶黏剂

水性涂料、水性胶黏剂、水性处理剂必须要有游离甲醛含量、总挥发性有机化合物（TVOC）检测报告；溶剂型涂料、溶剂型胶黏剂必须要有总挥发性有机化合物（TVOC）、苯、游离甲苯二异氰酸酯（TDI）（聚氨酯类）含量检测报告，并应符合设计要求和《民用建筑工程室内环境污染控制规范》（GB 50325—2020）的规定。

（二）选择工具

裁纸刀、胶黏剂、不锈钢直尺、刮板、胶辊、粉线袋等。

三、施工流程及要点

（一）裱糊施工流程

裱糊施工流程：基层处理→涂刷防潮底漆→弹线→预拼、裁纸→润纸→刷胶→裱糊→修整。

（二）施工要点

1. 基层处理

动画
壁纸装饰施工工艺

裱糊工程中，墙面基层主要有混凝土墙、抹灰墙、木质墙、石膏板墙、旧墙面等，不同的墙面基层要求不同的处理方法，如表 3.6.5 所示基层处理方法。处理完成后的墙面基层要求平整牢固，不起皮掉粉，无砂粒、麻点、飞刺。除此之外，为了避免壁纸出现发霉、受潮起泡现象，墙面应基本干燥，不潮湿发霉，含水率低于 5%。

表 3.6.5   基层处理方法

基层	处理方法
混凝土墙	（1）对于混凝土面、抹灰面（水泥砂浆、水泥混合砂浆、石灰砂浆等）基层，应满刮腻子一遍并用砂纸磨平。 （2）基层表面有气孔、麻点、凸凹不平时，应增加满刮腻子和磨砂纸的遍数。刮腻子前，须将混凝土或抹灰面清扫干净。刮腻子时要用刮板有规律地操作，一板接一板，两板中间再顺一板，要衔接严密，不得有明显接槎和凸痕。宜做到凸处薄刮，凹处厚刮，大面积找平。腻子干后打磨砂纸、扫净。 （3）需要增加满刮腻子数的基层表面，应先将表面的裂缝及坑洼部分刮平，然后打磨砂纸、扫净，再满刮腻子和打扫干净，特别是阴阳角、窗台下、暖气包、管道后及踢脚板连接处等局部，都需认真检查修整

续表

基层	处理方法
抹灰墙	（1）对于整体抹灰基层,应按高级抹灰的工艺施工,操作工序为:阴阳角找方,设置标筋,分层赶皮,修整表面压光。如果基层表面抹灰质量较差,在裱糊墙纸时,要想获得理想的装饰效果,必须增加基层刮腻子的工作量。 （2）在抹灰层的质量方面,最主要的是表面平整度,用 2 m 靠尺检查,应不大于 2 mm。 （3）基层抹灰如果是麻刀灰、纸筋灰、石膏灰一类的罩面灰,其熟化时间不应少于 30 d,同时也须注意面层抹灰的厚度,经赶平压实后,麻刀石灰厚度不得大于 3 mm,纸筋石灰、石灰膏的厚度不得大于 2 mm,否则易产生收缩裂缝。 （4）罩面灰基层,在阳角部位宜用高标号砂浆做成护角,以防磕碰,否则局部被损需大面积变换壁纸,比较麻烦
木质墙	（1）木基层要求接缝不显接槎,不外露钉头。接缝、钉眼须用腻子补平并满刮腻子一遍,用砂纸磨平。 （2）吊顶采用胶合板,板材不宜太薄,特别是面积较大的厅、堂吊顶,板厚宜在 5 mm 以上,以保证刚度和平整度,有利于墙纸裱糊质量。 （3）木料面基层在墙纸裱糊之前应先涂刷一层涂料,使其颜色与周围裱糊面基层颜色一致
石膏板墙	（1）在纸面石膏板上裱糊塑料墙纸,其板面先用油性石膏腻子找平,其板材的面层接缝处,应使用嵌缝石膏腻子及穿孔纸带(或玻璃纤维网格胶带)进行嵌缝处理。 （2）在无纸面石膏板上做墙纸裱糊,其板面应先刮一遍乳胶石膏腻子,以保证石膏板面与墙纸的黏结强度
旧墙	旧墙基层裱糊墙纸,最基本的要求是平整、洁净、有足够的强度并适宜与墙纸牢固粘贴。对于凹凸不平的墙面要修补平整,然后清理旧有的浮松油污、砂浆粗粒等,以防止裱糊面层出现凸泡与脱胶等质量弊病;同时要避免基层颜色不一致,否则将影响易透底的墙纸粘贴后的装饰效果

想一想:

　　裱糊前,墙面应基本干燥,含水率低于 5%,如果基层潮湿会造成裱糊质量的哪些问题?

多学一点:

　　无论哪种墙面基层,基层处理应注意以下几点:

　　（1）墙体基层上各种开关、插座等装饰盖应先卸下,防止污染表面及影响裱糊施工。

　　（2）基层处理完成后,可采用成品乳胶底漆作为封底涂料。

　　（3）在墙面基层上的钉头,采用油性腻子补平,防止生锈,污染壁纸。

图 3.6.3　刷涂底漆

2. 涂刷防潮底漆

基层处理验收合格后,为防止壁纸受潮脱落,用乳胶漆底漆对墙面基层喷涂或者刷涂(图 3.6.3),进行墙面基层封闭处理,一般不少于两遍,要喷涂均匀,不宜过厚,防止墙面底漆不均匀引起纸面起胶,底漆喷涂 1 ~ 2 d 待干透后即可铺贴壁纸。

3. 弹线

按选择的墙纸的幅宽弹出分格线。弹线方法:起线位置从墙的阴角开始,以小于壁纸 1 ~ 2 cm 为宜,用准心锤测出垂直基准线,用粉线在墙面上弹出垂直线,作为裱糊时基准线,确保第一幅壁纸垂直粘贴(每面墙面的第一幅墙纸的位置都要挂垂线找直,防止后面壁纸裱糊时累加歪斜)。

有窗口的墙面,为保证壁纸图案美观对称,要在窗口处弹出中线,然后由中线按墙纸的幅宽往两侧分线,如图 3.6.4 所示。

窗口不在墙面的中间时,为保证窗间墙的阳角图案对称,要弹出窗间墙的中心线,再往其两侧弹出分格线。

墙面无窗口时,可选择距离窗口墙面较近的阴角,从阴角到壁纸 50 mm 处弹线。

4. 预拼裁纸

壁纸在裱糊前,为保证壁纸图案美观完整,根据弹线位置进行预拼,检查对缝、拼花效果,裁切不匹配壁纸。

墙面裱糊原则上采用整幅裱糊,首先要明确裱糊后图案特征、花纹效果,确定采用

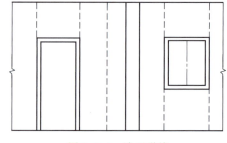

图 3.6.4　墙面弹线

搭接方式或拼缝方式,确保无误。结合弹线位置、材料规格下料,用尺子压紧壁纸,刀刃紧贴尺边,一气呵成裁切。按照裱糊的顺序分幅编号,裁切壁纸时上下端应留出 30 ~ 50 mm 的修剪余量。

想一想:

　1. 为什么要在壁纸上分幅编号?

　2. 为什么裁切壁纸时上下端应留出 30 ~ 50 mm 的修剪余量?

做一做:

　根据所学知识,结合壁纸的规格尺寸与弹线要求,小组内交流讨论说出裁切时注意要点。

5. 润纸与刷胶

(1)润纸。润纸也称闷水,是指用清水润湿纸面,能够使其得到充分的伸展,防止在裱糊时遇胶发生伸缩不匀,产生起皱,影响裱糊质量。润纸有两种方式:一是在壁纸

背面满刷一遍清水,静置使壁纸充分涨开;二是将壁纸背面刷胶后折叠静置 10 min,让壁纸自身湿润。

> **多学一点:**
>
> 壁纸闷水要依据壁纸本身的材料性能,并不适用于所有壁纸。
>
> 1. 塑料壁纸,遇水后膨胀,可将壁纸放入水槽浸泡 2~3 min 完成后甩掉多余水分,静置 10 min 进行裱糊或刷清水。
>
> 2. 金属壁纸,可以进行闷水,但是放入水槽时间要控制在 1~2 min,静置 7 min 左右进行裱糊。
>
> 3. 复合壁纸、纺织纤维壁纸,由于遇水后强度变差,严禁进行闷水,可在壁纸背面刷胶折叠静置 4~8 min 进行裱糊。
>
> 壁纸是否可以进行闷水处理,可以查看使用说明书或者将壁纸预料裁条试验。

(2)刷胶。壁纸或墙布裱糊时是否刷胶,要注意壁纸的使用说明(图 3.6.5),壁纸自带背胶的无须使用胶黏剂。

刷胶部位包括:壁纸或墙布背面刷胶(图 3.6.6)、墙体基层刷胶(图 3.6.7)、背面及基层同时刷胶。壁纸或墙布刷胶要均匀、不起堆,防止溢出污染壁纸;墙面刷胶要薄而匀,不漏刷,墙面刷胶宽度要比壁纸或墙布宽 20~30 mm,墙面阴角处增刷 1~2 遍。由于壁纸的性能不同,刷胶方式也不同,如表 3.6.6 所示。

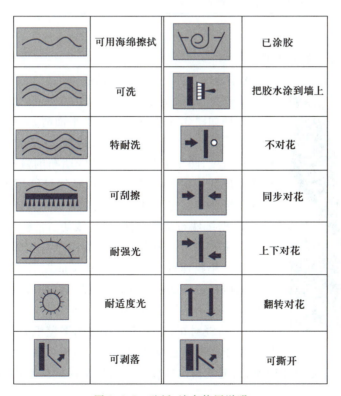

〜	可用海绵擦拭	ᘯ	已涂胶
〜	可洗		把胶水涂到墙上
〜	特耐洗		不对花
〜	可刮擦		同步对花
	耐强光		上下对花
	耐适度光		翻转对花
	可剥落		可撕开

图 3.6.5 壁纸、墙布使用说明

图 3.6.6　壁纸或墙布背面刷胶　　　　　图 3.6.7　墙体基层刷胶

表 3.6.6　壁纸刷胶方式

壁纸名称	刷胶方式
聚氯乙烯壁纸	可以只对墙面刷胶,但用于顶棚时,需要基层与纸背同时刷胶,纸背涂胶后,纸背与纸背进行对叠;墙面基层涂胶要比壁纸宽约 30 mm
植物纤维壁纸	植物纤维等较厚壁纸,需要墙面基层和纸背同时刷胶
金属壁纸	采用专用壁纸粉胶,将浸水后壁纸背面刷胶,卷在未开封的发泡壁纸圆筒上
纸背带胶壁纸	裁剪好后浸水,由底部开始,图案面向外,卷成一卷,1 min 后即可使用。纸背及墙面基层无须刷胶

6. 裱糊

（1）整副壁纸墙布处理

① 壁纸墙布裱糊原则。先垂直面后水平面,先细部后大面。贴垂直面时,先上后下,裱糊时应比粘贴部位稍长,留出 30 mm 余量,底部壁纸余量的处理如图 3.6.8 所示。贴水平面时,先高后低。从墙面所弹垂线开始至阴角处收口,每裱糊 2～3 幅壁纸后,吊垂线检查垂直度,防止累积误差。壁纸墙布的敷平采用薄钢片刮板或胶皮刮板由上而下抹刮,较厚的壁纸用胶辊滚压敷平。每副壁纸墙布贴完后,用浸湿毛巾将胶液及时擦净。

② 壁纸墙布裱糊方法:搭缝裁切、拼缝对花。

a. 搭缝裁切。适用于无图案壁纸。相邻两幅壁纸叠加,后贴的一幅搭压前一幅,重叠 30 mm 左右,用钢尺或铝合金直尺紧压在重叠部位中间,用壁纸刀将两层壁纸墙布割透,把切掉的多余小条扯下,如图 3.6.9 所示。

b. 拼缝对花,适用于有花纹图案壁纸。为确保相邻两块壁纸墙布图案的连续性,从上而下,应先对花,后拼缝,用刮板斜向刮平,将拼缝处赶压密实,拼缝处挤出的胶液及时用洁净的湿毛巾或海绵擦除,如图 3.6.10 所示。

图 3.6.8　底部壁纸余量处理

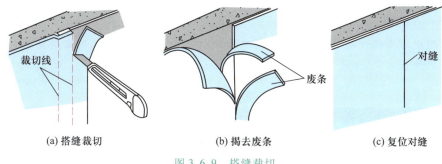

(a) 搭缝裁切　　　　　(b) 揭去废条　　　　　(c) 复位对缝

图 3.6.9　搭缝裁切

图 3.6.10　拼缝对花

（2）壁纸墙布细部处理

① 阴阳角处理方式。首先应在阴阳角处增涂 1～2 遍胶。阳角处理方式（图 3.6.11a）：相邻两块壁纸墙布不得在阳角处甩缝，壁纸墙布应包过阳角宽度不小于 20 mm，并包实不得留缝；阴角处理方式（图 3.6.11b）：采用搭接缝隙的方式，先裱糊压在里面的转角壁纸，再粘贴非转角壁纸，搭接宽度不大于 100 mm，贴实并保持垂直无毛边。

② 墙体基层开关、插座等凸出物处理方式。将壁纸墙布小心按在凸出物件上，找到凸出物中心点，从中心点往外呈放射状裁切，将塑料刮板与凸出物边沿贴沿对齐，用壁纸刀沿刮板边裁切，裁去不需要的部分，如图 3.6.12 所示。

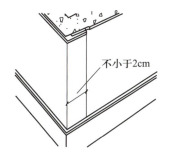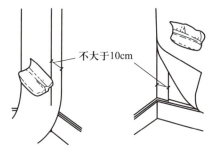

(a) 阳角处理方式　　　　　(b) 阴角处理方式

图 3.6.11　阴阳角处理方式　　　　　图 3.6.12　墙面凸出物处理方式

多学一点:

　　壁纸墙布裱糊过程中,经常遇到空鼓、褶皱、翘边等问题,针对出现的问题,有不同的处理方式,如表3.6.7所示。

表3.6.7　壁纸墙布问题处理方式

问题	处理方式
翘边、翻角	可能是由于粘贴不牢或黏结剂的黏性不够。① 若由于墙面有颗粒粉尘,及时清理并重刷粘牢;② 更换黏性更高的黏结剂
空鼓	可用壁纸刀切开或用注射器针头放气,空鼓部位注胶,重新刮平并用干净毛巾擦净挤出的胶液
皱纹	壁纸未干时,用干净湿毛巾抹湿纸面,用手慢慢将壁纸舒平,再用橡胶滚筒或胶皮刮板赶平;若壁纸已干时,撕下壁纸,把基层清理干净后,重新裱贴
碰撞损坏的壁纸	采取挖空填补法,将损坏的部分割去,按形状和大小裁切壁纸,对好花纹补上,要求补后不留痕迹

四、质量验收

1. 主控项目

　　(1)壁纸、墙布的种类、规格、图案、颜色和燃烧性能等级必须符合设计要求及现行国家标准的有关规定。

　　(2)裱糊工程基层处理质量应符合一般要求的规定。

　　(3)裱糊后各幅拼接应横平竖直,拼接处花纹、图案应吻合,不离缝、不搭接、不显拼缝。

　　(4)壁纸、墙布应粘贴牢固,不得有漏贴、补贴、脱层、空鼓和翘边。

2. 一般项目

　　(1)裱糊后的壁纸、墙布应平整,色泽应一致,不得有波纹起伏、气泡、裂缝、皱褶及斑污,斜视时应无胶痕。

　　(2)复合压花壁纸的压痕及发泡壁纸的发泡层应无损坏。

　　(3)壁纸、墙布与各种装饰线、设备线盒应交接严密。

　　(4)壁纸、墙布边缘应平直整齐,不得有线毛、飞刺。

　　(5)壁纸、墙布阴角处搭接应顺光,阳角处应无接缝。

答案
课堂训练

任务拓展

● **课堂训练**

1. 为防止壁纸_____,用乳胶漆底漆对墙面基层喷涂,进行墙面基层_____处理,一般不少于两遍,要喷涂均匀,不宜过厚,防止墙面底漆不匀引起纸面起胶。

2. 为保证壁纸图案_____,有窗口的墙面要在窗口处弹出中线,然后由____

_____按墙纸的幅宽往_____分线。

3. 裁切壁纸,结合弹线位置、材料规格进行下料,用尺子压紧壁纸,刀刃紧贴尺边,一气呵成裁切。按照裱糊的顺序_____,裁切壁纸时上下端应留出_____mm 的修剪余量。

4. 壁纸墙布裱糊原则:_____,_____。贴垂直面时,先上后下,裱糊时应比粘贴部位稍长,留出_____mm 余量。

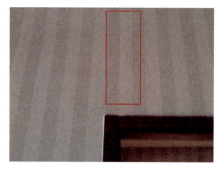

图 3.6.13　壁纸裱糊问题

● 学习思考

根据所学相关知识或查找相关资料,认真分析如图 3.6.13 所示壁纸裱糊问题,试说出壁纸裱糊过程中出现了哪些问题? 应该采取哪些方法进行处理?

任务 7　软包工程构造与施工

任务目标

通过本任务的学习,达到以下目标:

1. 认识软包工程的材料、装饰构造及行业发展趋势,培养学生创新意识。

2. 掌握软包工程的施工技术要点,培养学生严谨科学的工作作风及诚实守信的职业道德。

3. 熟悉软包工程的质量验收,树立工程质量意识。

课件
软包工程构造与施工

任务描述

● 任务内容

一业主为满足装饰效果需要,计划在卧室背景墙处采用软包装饰,如图 3.7.1 所示。试绘制室内软包工程的装饰构造图,根据绘制的构造图选择软包所用的材料、机具,编制施工流程并进行质量验收。

● 实施条件

1. 室内湿作业、地面、吊顶施工已经完成。

2. 墙面的水、电等隐蔽工程完成,电路合格,水路打压试水完成。

3. 混凝土墙抹灰完成,墙面基层按照设计要求埋入木砖,墙面已刷完冷底子油。

图 3.7.1　软包背景墙

4. 调整基层并检查,要求基层平整、牢固,垂直度、平整度符合木制作验收规范。

相关知识

一、认识软包工程装饰构造

所谓软包工程是指以皮革、纺织物等内衬海绵作为面层，固定在墙体基层上的装饰做法。由于软包面层质地柔软、色彩多样，能够美化室内空间，软包饰面立体感效果能提升装饰档次，除了美化空间外还具有吸声、隔声、防潮、防污等功能，广泛应用于家装室内、酒店、娱乐场所等，如图 3.7.2 所示。

软包装饰构造主要由木龙骨、胶合板、软包层组成，如图 3.7.3 所示。墙面进行防潮处理，将木龙骨固定在墙面基层上，木龙骨一般采用（20～50）mm×（40～50）mm 木方，间距为 400～600 mm，并将九厘板钉在木龙骨上，将包有矿渣棉或玻璃棉的织物或皮革钉固在五厘板组成软包块，将软包块固定在九厘板上。

(a) 酒店软包

(b) KTV软包

图 3.7.2　墙面软包装饰

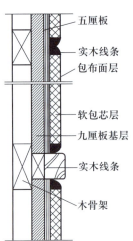

图 3.7.3　软包装饰构造

软包面层固定方式有固定式和活动式两种，如表 3.7.1 所示。

阅读
搪瓷钢板构造饰面

动画
软包墙面

表 3.7.1　软包面层固定方式

安装方式	构造做法	示意图
固定式	采用暗钉将软包固定在骨架上，最后用镜面不锈钢大帽头装饰钉按划分的分格尺寸在每一分块的四角钉入固定	砖墙或混凝土墙表面涂108胶水泥砂浆一道 1:0.3:3水泥石灰膏砂浆打底(兼找平层) 3～4厚防水建筑胶粉浆混合砂浆找平 50×50防腐防火木龙骨，中距400～600，双向 8～12厚阻燃型双刨光一级胶合板 玻璃棉、超细玻璃棉或自熄型泡沫塑料吸声层 软包面料 镜面不锈钢大帽头 装饰钉(或按具体设计)
	用金属线条或木装饰线条沿分格线位置固定	

续表

安装方式	构造做法	示意图
活动式	将织物或皮革、填充材料与胶合板组成单体，钉固在九厘板上	防潮层　胶合板基层　暗钉

二、选择材料及机具

1. 选择软包材料

结合软包工程构造，使用材料主要有木龙骨、胶合板、玻璃棉、人造革等，如表3.7.2所示。

表 3.7.2　软包材料

名称	介绍	形式
木骨架	木骨架一般采用（30～50）mm×50 mm 木龙骨，木龙骨钉在防腐木砖上，间距在 400～600 mm 单向或双向布置范围调整，按设计图纸分格安装	
胶合板	由木段旋切成单板用胶黏剂胶合而成的三层或多层的板状材料，规格为 1 220 mm×2 440 mm，厚度一般为 3 mm、5 mm、9 mm、12 mm、15 mm、18 mm 等	
软包芯材	通常采用轻质不燃多孔材料，如玻璃棉、超细玻璃棉、自熄型泡沫塑料、矿渣棉等	
面层材料	软包墙面的面层，必须采用阻燃型面料，如人造革或织物	

2. 选择机具

（1）电动机具：冲击钻、电焊机、手电钻。

（2）手动机具：刮刀、裁刀、刮板、毛刷、排笔、卷尺、锤子。

三、施工流程及要点

（一）施工流程

软包施工流程：基层处理→龙骨及基层板施工→内衬及预制块施工→面层

动画
墙面软硬包施工工艺

施工。

（二）施工要点

1. 基层处理

在墙面上按照龙骨的设计位置进行弹线，间距一般控制在 400～600 mm。在弹好线的位置处用冲击钻钻孔，孔距小于 200 mm，孔径大于 12 mm，孔深不小于 70mm，将经过防腐防潮处理的木楔打入孔内。

在抹灰墙面涂刷冷底子油或在砌体墙面、混凝土墙面铺沥青油毡或油纸做防潮层。涂刷冷底子油要满涂、刷匀，不漏涂；铺油毡、油纸，要满铺、铺平，不留缝。

> **想一想：**
> 塞入孔内的木楔，如果不进行防腐防潮处理对安装完后的软包会有什么影响？

根据设计图纸的装饰分格、造型等尺寸，在安装好后的底板上进行吊直、套方、找规矩、弹线控制等工作，将图纸与实际尺寸结合，将设计分格与造型按1:1在基层板上弹线

图 3.7.4　基层板弹线

2. 龙骨及基层板施工

（1）将木龙骨刷防腐、防火涂料，用木螺钉将龙骨与预埋木楔钉接，木螺钉长度要大于龙骨高度 40 mm。安装木龙骨的过程中，随时用 2 m 靠尺检查平整度，如果龙骨无法紧贴墙面，应采用防腐木楔塞实缝隙。安装完成后的龙骨表面平整度在 2 m 方位内误差小于 2 mm。

（2）木龙骨检查合格后铺钉基层板，在板背涂刷防火涂料，涂刷均匀不得有漏刷，基层板采用九厘板，用气钉枪从板中心向两边固定，相邻两块基层板接缝处应在木龙骨上，使其牢固、平整。基层板安装完成后应弹线，如图 3.7.4 所示。

3. 内衬及预制块施工

（1）制作衬板。衬板选用 5 mm 厚胶合板，按照基层弹线分格尺寸下料，衬板分为硬边拼缝、软边拼缝。硬边拼缝：在衬板四周钉一圈木条，木条厚度根据内衬材料厚度决定，一般木条不小于 10 mm×10 mm，倒角不小于 5 mm×5 mm，如图 3.7.5 所示。木条要进行封油处理，防止原木吐色污染面料，硬边拼缝衬板如图 3.7.6 所示；软边拼缝：直接按照造型尺寸将衬板裁好即可。

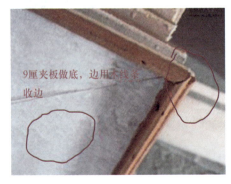

图 3.7.5　衬板木条收边

图 3.7.6　硬边拼缝衬板

想一想：

图 3.7.5 所示衬板木条收边，用钉子将木条钉接在基层板上，钉子眼处需要处理吗？为什么？

（2）试拼。衬板制作完成后，应上墙进行试装，以确定尺寸是否正确、分缝是否通直、木条高度是否一致、平顺，然后取下衬板在背面编号，并标注安装方向。

（3）制作预制块。在衬板正面粘贴内衬材料，内衬材料必须是阻燃环保型，厚度应大于 10 mm。硬边拼缝的衬板：内衬材料要按照衬板上收边木条内侧的实际净尺寸裁剪下料，四周与木条必须吻合、无缝隙，高度宜高出木条 1~2 mm，用胶黏剂粘在衬板上。软包拼缝的衬板：软边尺寸的内衬材料按衬板尺寸裁剪下料，四周裁剪、粘贴必须整齐，与衬板边平齐，用胶黏剂平整地粘贴在衬板上。

做一做：

以小组为单位进行交流讨论，衬板试拼编号应注意什么？

4. 面层施工

（1）面层材料选取。织物、皮革花色、纹理、质地等应符合设计要求，确定好面料的经纬线水平或垂直，同一场所面料相同且纹理方向一致。

（2）预制镶嵌衬板蒙面及安装如图 3.7.7 所示。

面层有图案时应先制作好一块作为基准，按编号将与之相邻的衬板面料对花后裁剪。将裁剪好后的面料蒙到已粘好的内衬材料板上，用U形气钉、黏结剂从衬板反面钉固、粘牢

蒙好后的面料应绷紧、无褶皱。制作好预制衬板后，按衬板编号进行试安装

经试安装确认无误后，在衬板背面刷胶，用气钉从布纹缝隙钉入，固定到墙面底板上

图 3.7.7 面层施工

（3）修整。清理接缝等处的面料纤维，调整缝隙不顺直处，安装镶边条，安装贴脸板，修补压条上的钉眼及油漆边条，清扫浮土，罩上薄膜保护，如图 3.7.8 所示。

想一想：

修补压条上的钉眼，再油漆边条，两者施工顺序能否颠倒？

图 3.7.8 罩上薄膜保护

多学一点:

　　软包直接铺贴法如图3.7.9所示。按基层板已弹好的分格线确定分缝定位点,将面料按定位尺寸裁剪,将裁剪好后的面料蒙到已贴好内衬材料的基层板上,调整下端和两侧位置,用压条先将上端固定好,然后固定下部和两侧。四周固定后,若有压条或装饰钉时,按设计要求订好压条,用电化铝冒头钉梅花状固定。

图3.7.9　直接铺贴法

四、质量验收

（1）墙面、门等软包工程的质量验收主控项目及一般项目如表3.7.3所示。

表3.7.3　软包工程验收质量要求与检验方法

项目	项次	质量要求	检验方法
主控项目	1	软包面料、内衬材料及边框的材质、颜色、图案、燃烧性能等级和木材的含水率应符合设计要求及现行国家标准的有关规定	观察;检查产品合格证书、进场验收记录和性能检测报告
	2	软包工程的安装位置及构造做法应符合设计要求	观察;尺量检查;检查施工记录
	3	软包工程的龙骨、衬板、边框应安装牢固,无翘曲,拼缝应平直	观察;手扳检查
	4	单块软包面料不应有接缝,四周应绷压严密	观察;手摸检查
一般项目	5	软包工程表面应平整、洁净,无凹凸不平及皱折;图案应清晰、无色差,整体应协调美观	观察
	6	软包边框应平整、顺直、接缝吻合。其表面涂饰质量应符合规范的有关规定	观察;手摸检查
	7	清漆涂饰木制边框的颜色、木纹应协调一致	观察

（2）墙面、门等软包工程安装的允许偏差和检验方法如表3.7.4所示。

表 3.7.4　软包工程安装的允许偏差和检验方法

项次	项目	允许偏差/mm	检验方法
1	垂直度	3	用 1 m 垂直检测尺检查
2	边框宽度、高度	0~2	用钢尺检查
3	对角线长度差	1~3	用钢尺检查
4	裁口、线条接缝高低差	1	用钢直尺和塞尺检查

任务拓展

● 课堂训练

1. 软包装饰构造主要由_____、_____、_____组成。

2. 软包面层固定方法有_____和_____两种。

答案
课堂训练

3. 在墙面上按照_____位置进行弹线,间距一般控制在_____mm,在弹好线的位置处用冲击钻钻孔,孔距小于_____mm,孔径大于 12 mm,孔深不小于 70 mm,将经过防腐防潮处理的木楔打入孔内。

4. 将木龙骨刷防腐、防火涂料,用_____将龙骨与预埋木楔钉接,木螺钉长度要大于龙骨高度_____mm。

5. 硬边拼缝的衬板:内衬材料要按照衬板上收边木条内侧的实际_____尺寸裁剪下料,四周与木条必须吻合、无缝隙,高度宜高出木条_____mm,用胶黏剂粘在衬板上。

● 学习思考

根据所学的知识或查找相关资料,绘制软包直接铺贴法的装饰构造,必要时绘制其构造节点详图。

项目四

隔墙装饰构造与施工

隔墙与隔断工程概述

素养提升
解决隔墙开裂,守好工程质量安全底线

想一想:
1. 生活中哪些地方可以见到隔墙或隔断?有什么作用?
2. 隔墙与隔断有什么区别?

一、隔墙、隔断的定义

隔断:为了满足使用要求,作为分割室内空间的立面谓之隔断。在区域中既起到分隔空间作用,又不像整面墙体那样完全隔开,隔中有连接,断中有连续,虚实结合是隔断的特点,主要适用于办公室、会展中心、酒店等场所。

隔墙:分割空间可拆散重装的构件,一般是到顶的立面。隔墙自重轻、强度高、易安装,具有隔声、防潮、防火、环保等特点,是非承重墙的一种,广泛应用在商场、家庭、酒店、娱乐场所等。

二、隔墙、隔断的区别

1. 隔断限定空间的程度弱,能够虚实结合;隔墙能够完全分割空间。
2. 隔断高度可以不到顶;隔墙高度得完全到顶。
3. 隔断可以移动和拆除,灵活性较好;隔墙具有不可移动性。
4. 隔断具有空透性,对于声、光等没有要求,相邻隔断的两空间可实现声音、光线等互通;隔墙能够满足隔声、隔光等要求。

三、隔墙、隔断的分类

阅读
餐厅移动隔断

　　隔断按照活动形式分为固定式隔断和活动式隔断；按照功能性不同，分为移动隔断、中断隔断、隔断门、高隔断。隔墙的形式有多种，按照构造方式分为骨架式隔墙、板材式隔墙和砌块式隔墙（表4.0.1）。

表4.0.1　隔墙、隔断分类

名称	分类	介绍	形式
隔断	固定式	划分、限定建筑室内空间的非承重构件，由饰面板材、骨架材料、密封材料和五金件组成	
	活动式	也称为移动隔断、移动隔断墙、轨道隔断、移动隔声墙。活动隔断具有易安装、可重复利用、可工业化生产、防火、环保等特点	
隔墙	骨架式	也称龙骨隔墙，主要用木料或钢材构成骨架，再在两侧做面层。简单说是指在隔墙龙骨两侧安装面板形成的轻质隔墙。骨架分别由上槛、下槛、竖筋、横筋、斜撑等组成	
	板材式	板材隔墙是指轻质的条板用黏结剂拼合在一起形成的隔墙。即指不需要设置隔墙龙骨，由隔墙板材自承重，将预制或现制的隔墙板材直接固定于建筑主体结构上的隔墙工程	

续表

名称	分类	介绍	形式
隔墙	砌块式	砌块式隔墙就是用普通黏土砖、空心砖、加气混凝土砌块、玻璃砖等块材砌筑而成的非承重墙	

装修讲堂

墨斗为什么又叫"替母"

在隔墙装饰施工时,会经常用到墨斗,那墨斗为什么又叫"替母"呢? 据说,当年鲁班还没有收徒,平时做木匠活的时候,都是让母亲给他拽着线头在木头上弹墨线。可是母亲年纪越来越大,每天帮鲁班拽线总会很累,而鲁班又非常孝顺,不想母亲如此辛苦,但是又没有什么好办法。直到有一天,鲁班去河边洗菜的时候,看到有个人在芦苇丛中钓鱼,提竿的时候,手一拎,鱼钩上钩着一条大鱼,无论怎么蹦跳都掉不下去。鲁班看到此情景后顿生灵感,回到家按照鱼钩的样式画了个线坠,发明了墨斗。

后来母亲过世,鲁班每次用墨斗做木工活的时候,看着那个线坠就想起了自己的母亲,于是就把墨斗上的线坠,取名叫作"替母"。

任务1　板材式隔墙构造与施工

任务目标

通过本任务的学习,达到以下目标:
1. 了解板材式隔墙主要材料及发展趋势,培养学生绿色环保理念。
2. 理解板材式隔墙的装饰构造。
3. 掌握板材式隔墙的施工技术要点,培养学生严谨细致、追求卓越的工匠精神。
4. 熟悉板材式隔墙质量验收标准,树立工程质量意识。

课件
板材式隔墙构造与施工

任务描述

● **任务内容**

某商场采用加气混凝土条板分割室内空间(图4.1.1),列出板材式隔墙常用

图 4.1.1 混凝土条板隔墙

的材料、机具,编制板材式隔墙施工流程并进行质量验收。

● **实施条件**

1. 冬天室内温度不低于 5 ℃。

2. 墙面弹出 50 cm 标高线。

3. 正式安装以前,先试安装样板墙一道,经鉴定合格后正式安装。

相关知识

一、板材隔墙节点构造

板材式隔墙材料主要有木砖、龙骨、饰面材料、水泥、建筑胶水等,将龙骨与预埋木砖进行钉接(图 4.1.2)。板材隔墙固定方式主要有:隔墙与地面直接固定、龙骨与地面固定、混凝土地垫与地面固定三种方式。

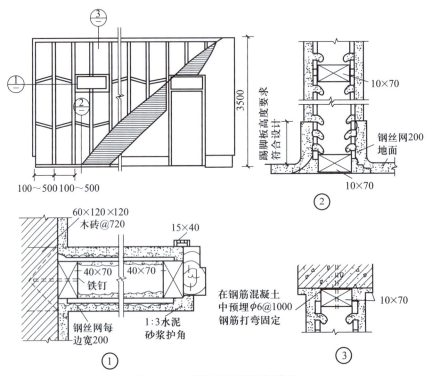

图 4.1.2 板材式隔墙节点详图

多学一点:泰柏板与主体结构的连接

在主体结构墙面、楼板底部、地面上钻孔,用膨胀螺栓将 U 码与基层结构固定,泰柏板两侧用钢筋码夹紧,并用镀锌铁丝将两侧钢筋码与泰柏板横向钢丝绑扎牢固,如图 4.1.3 所示。

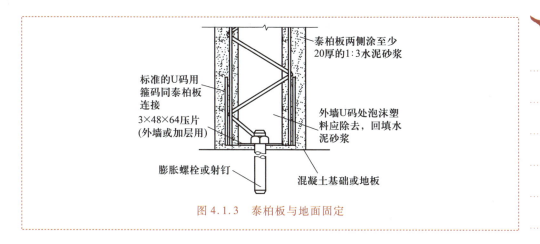

图 4.1.3　泰柏板与地面固定

二、选择装饰材料、机具

1. 主要材料

（1）轻质墙板：主要材料有玻璃纤维增强水泥条板、玻璃纤维增强石膏空心条板、钢丝网增强水泥条板、泰柏板等，根据墙体设计要求可选择 60 mm、90 mm、100 mm 等，如图 4.1.4 所示。

(a) 玻璃纤维增强水泥条板

(b) 玻璃纤维增强石膏空心条板

(c) 钢丝网增强水泥条板

(d) 泰柏板

图 4.1.4　轻质墙板材料

（2）中砂：需要过筛，含泥量小于 5%。

（3）水泥：采用强度等级为 42.5 MPa 的普通硅酸盐水泥或矿渣酸盐水泥。

（4）其他材料：建筑胶水、膨胀螺栓、镀锌钢丝等。

2. 机具

（1）电动机具：切割机、冲击钻。

（2）手动机具：钢尺、扁铲、托线板、笤帚、靠尺、水平尺。

三、施工流程及要点

（一）施工流程

板材隔墙施工流程：施工准备→墙位放线→安装墙板→处理墙面饰面。

（二）施工要点

1. 施工准备

墙体平整、牢固，混凝土的光滑表面应进行凿毛处理，并清扫干净。编制条板的排列图，包括条板的名称、规格、安装顺序，条板与门窗洞口构件连接方式、预埋件数量等。按照条板的排列图在现场画出条板的安装线、预埋件位置线等。

板材式隔墙固定方式有：将隔墙与地面直接固定、通过木肋与地面固定和通过混凝土肋与地面固定。

动画
轻质板材隔墙施工工艺

> **想一想：**
> 　　施工现场所标的条板位置线、预埋件位置线能否直接按照编制条板的排列图进行施工？为什么？

2. 墙位放线

按施工图在楼地面、楼板底部、墙面弹出水平线、垂直线，控制条板和门窗安装的位置和固定点。当条板宽度与隔墙宽度不相符时，将部分隔墙板预先拼接。

3. 安装墙板

（1）安装顺序：有门洞时，从门洞口向两侧依次安装；无门洞时，从一端向另一端顺序安装。

（2）将条板的顶面、侧面用钢丝刷清除干净，先在板顶和板侧浇水，满足其吸水性的要求，有地垫设计要求时先浇筑混凝土地垫。

（3）在第一块板的企口处、顶面、侧面均匀刮满厚度不小于 15 mm 的水泥素浆黏结材料，条板上下对准定位线，先推紧侧面，用撬棍将板向上顶紧，将条板垂直向上挤压，并在板下 1/3 处垫入木楔调整位置（图 4.1.5）；固定好后，用线坠、靠尺检查条板垂直度、水平度；然后安装下一条板，注意保持条板件的紧密连接，缝隙不大于 5 mm，调整垂直度、水平度并将挤出的砂浆及时刮平。

上部的固定方法，一种为软连接；另一种是目前经常用的做法，即条板直接顶在楼板或梁下，板缝用黏结砂浆或黏结剂进行黏结，并用胶泥刮缝，平整后再做表面装修，如图 4.1.6 所示。

（4）条板隔墙与楼地面空隙处，用 C20 细石混凝土填实（图 4.1.7），木楔应在立板养护 3d 后取出并用砂浆填实楔孔。条板安装有踢脚板时，用 801 胶水泥浆刷至踢脚线部位，初凝后用水泥砂浆抹实压光。条板安装效果如图 4.1.8 所示。

（5）板缝的处理方法：在条板间刮胶黏剂（主要原料为醋酸乙烯，与石膏粉调成胶泥），贴 50～60 mm 宽玻纤网格带，阴阳角处粘贴每边各 100 mm 宽的玻纤布一层（图 4.1.9），压实、粘牢表面再用石膏胶黏剂刮平，嵌缝前先刷水湿润，再嵌抹腻子。

图 4.1.5　塞入木楔

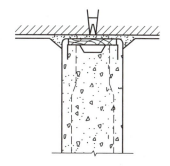

图 4.1.6　条板顶部固定

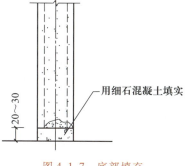

图 4.1.7　底部填充

图 4.1.8　条板安装

4. 饰面处理

饰面可根据设计要求,做成抹灰、涂饰或墙纸等饰面层,如图 4.1.10 所示。

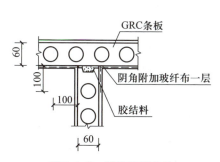

图 4.1.9　板缝处理方法

图 4.1.10　饰面抹灰

四、质量验收

1. 主控项目

(1) 隔墙板材的品种、规格、性能、颜色应符合设计要求。

(2) 安装隔墙板材所需预埋件、连接件的位置、数量及连接方法应符合设计要求。

(3) 隔墙板材安装必须牢固。

(4) 隔墙板材所用接缝材料的品种及接缝方法应符合设计要求。

2. 一般项目

(1) 隔墙板材安装应垂直、平整、位置正确,板材不应有裂缝或缺损。

（2）板材隔墙表面应平整光滑、色泽一致、洁净,接缝应均匀、顺直。

（3）隔墙上的孔洞、槽、盒应位置正确、套割方正、边缘整齐。

（4）板材隔墙安装的允许偏差和检验方法应符合表4.1.1的规定。

表 4.1.1　板材隔墙安装的允许偏差和检验方法

项次	项目	允许偏差/mm				检验方法
		复合轻质墙板		石膏空心板	钢丝网水泥板	
		金属夹心板	其他复合板			
1	立面垂直度	2	3	3	3	用2 m垂直检测尺检查
2	表面平整度	2	3	3	3	用2 m靠尺和塞尺检查
3	阴阳角方正	3	3	3	4	用直角检测尺检查
4	接缝高低差	1	2	2	3	用钢直尺和塞尺检查

任务拓展

答案
课堂训练

● 课堂训练

1. 板材式隔墙施工,冬天室内温度不低于＿＿＿＿＿＿。

2. 板材隔墙固定方式主要有＿＿＿＿＿、＿＿＿＿＿、＿＿＿＿＿三种方式。

3. 第一块板的企口处、＿＿＿＿＿、＿＿＿＿＿均匀刮满厚度不小于15 mm的水泥素浆黏结材料,条板上下对准＿＿＿＿＿线,先推紧侧面,用撬棍将板向上顶紧,将条板垂直向上挤压,并在板下＿＿＿＿＿处垫入木楔调整位置。

4. 板缝的处理方法:在条板间刮胶黏剂,贴＿＿＿＿＿宽玻纤网格带,阴阳角处粘贴每边各＿＿＿＿＿宽的玻纤布一层,压实、粘牢表面再用石膏胶黏剂刮平。

● 学习思考

根据所学知识,小组内讨论交流,为什么条板间及阴阳角处要粘贴玻纤布?

任务2　木龙骨隔墙构造与施工

任务目标

课件
木龙骨隔墙构造与施工

通过本任务的学习,达到以下目标:

1. 了解木龙骨隔墙主要材料,注重学生岗位的防火安全意识。

2. 掌握单层、双层木龙骨隔墙的装饰构造。

3. 掌握单层木龙骨隔墙的技术要点,养成诚实守信的职业品格,培养精益求精的工匠精神。

4. 熟悉木龙骨隔墙质量验收标准,树立工程质量意识。

任务描述

● **任务内容**

一居室计划采用木龙骨隔墙分割室内空间,如图4.2.1所示。为满足隔声保温功能,隔墙内部置入岩棉,根据任务要求选用材料及机具、编制木龙骨隔墙的施工流程并进行质量验收。

● **实施条件**

1. 房间内的湿度控制在≤60%。

2. 主体结构工程施工完毕,楼地面施工完毕,墙面、顶棚粗装修完毕;

3. 木龙骨隔墙下部踢脚高度部分砌砖及两侧水磨石、大理石、花岗石、面砖或水泥砂浆抹面完成并经过一定技术间隔时间,具有足够的强度后方可进行木龙骨安装。

图4.2.1　隔墙立面

> 想一想:
>
> 　房间内为什么要控制湿度?

相关知识

一、认识木龙骨节点构造

木龙骨隔墙以红松木、白松木为骨架,木骨架组成上槛、下槛、立柱、横档或斜撑,外钉石膏板、胶合板、木质纤维板等作为饰面层;有时为满足保温或隔声要求中间层置入岩棉等,木龙骨隔墙构造如图4.2.2所示。根据木龙骨隔墙用途可分为全封隔断墙、门窗隔断墙和半高隔断墙三种类型。

木龙骨隔墙的骨架形式有两种:单层龙骨和双层龙骨。单层龙骨的龙骨规格有25 mm×30 mm、50 mm×80 mm、50 mm×100 mm,纵筋间距300~600 mm,横筋间距为1 200~1 500 mm,单层木龙骨形式如图4.2.3所示;双层龙骨的龙骨规格有25 mm×30 mm,用间距300 mm的单层木龙骨拼接成双层龙骨(图4.2.4)。单层木龙骨适用于隔墙高度在3.0 m以下,双层木龙骨适用于高度在3.0 m以上。

二、选择材料及机具

1. 选择隔墙材料

木龙骨隔墙主要由木龙骨、保温材料、防火材料、石膏板、纤维板等饰面材料组成(表4.2.1)。

2. 选择机具

(1)电动机具:电锯、手电钻、扫槽刨、电钻。

(2)手动机具:锤子、斧子、螺丝刀、射钉枪等。

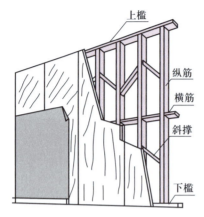
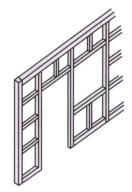
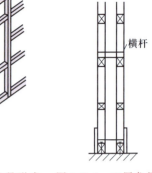

图 4.2.2　木龙骨隔墙构造　　　图 4.2.3　单层木龙骨形式　图 4.2.4　双层龙骨形式

表 4.2.1　木龙骨隔墙材料

材料名称	用途	形式
木龙骨	木方含水率不大于 25%，对木龙骨进行防火处理，截面尺寸一般为 50 mm×70 mm 或 50 mm×100 mm。立筋靠上下槛固定，筋高度方向每隔 1.5 m 左右设斜撑一道，立筋与横档间距视饰面材料规格而定，一般为 400 mm、450 mm、500 mm、600 mm	
饰面板	木龙骨隔墙饰面板主要有纸面石膏板、胶合板、纤维板等。饰面板应平整、四角方正。胶合板、木质纤维板不应脱胶、变色和腐朽	
保温材料	为满足隔声保温要求，一般在木龙骨内置入岩棉等材料。保温材料要有相应等级的检测报告	
防火材料	木龙骨、木砖在使用前要进行防火处理，主要防火材料有磷酸铵、氯化铵、硼酸等。将防火材料涂刷在木制品表面，抑止木材在高温下热分解或阻滞热传递，达到阻燃效果	

三、施工流程及要点

（一）施工流程

木龙骨隔墙的施工流程:弹线→安装木骨架→防腐处理→安装罩面板。

（二）施工要点

1. 弹线

按照施工图尺寸在地面弹出隔墙的中心线、边线,用线坠引出楼板底及靠墙柱部位的位置线,纵筋间距控制在 300～600 mm,横筋间距控制在 1 200～1 500 mm,根据间距要求用冲击钻打孔,埋入木楔。

> **做一做:**
>
> 　根据所学知识,以小组为单位进行交流讨论,试说明如何使用线坠根据地面放线的位置找出楼板底及靠墙位置线?

2. 安装木龙骨

拼接木龙骨骨架安装顺序是:边龙骨(靠墙部位)→上槛→下槛→中间立筋。

将靠墙部位的边龙骨用圆钉钉牢在木砖上,上槛采用金属膨胀螺栓固定。下槛对准两侧边线,两端顶紧靠墙立筋然后固定,可用木楔圆钉或膨胀螺栓固定,如图 4.2.5 所示。下槛固定好后,根据饰面板尺寸确定立筋间距,一般为 400 mm、450 mm、500 mm,画出立筋位置线,将立筋放在上、下槛之间,调整找垂直后,用圆钉斜向与上、下槛钉牢;横撑龙骨可以按照立筋间距或者适当略宽,用圆钉将横撑龙骨斜向钉牢在立筋上,横撑可不与立筋垂直,将端头按相反方向锯成斜面,以便楔紧和钉牢。门樘边的立筋应加大断面或者是双根并用。横筋两端宜按相反方向略锯成斜面,以便与立筋钉牢。

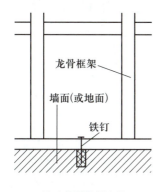
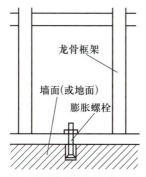

(a) 木楔圆钉固定法　　(b) 膨胀螺栓固定法

图 4.2.5　下槛固定方式

> **多学一点:**
>
> 　安装木龙骨骨架的另一种方法:可在地面上拼装木龙骨骨架(图 4.2.6),木方规格为 30 mm×30 mm 或 40 mm×40 mm。用冲击钻在弹线的位置上钻孔,孔距 600 mm,深度不小于 60 mm,打入木楔。根据墙身的大小选择整体或分片固定在墙面上。

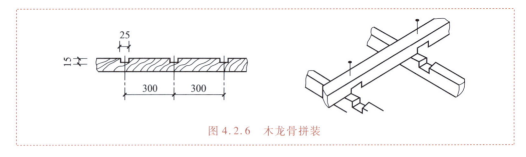

图 4.2.6　木龙骨拼装

3. 安装饰面板

木龙骨隔墙的饰面板材料主要有石膏板、木制人造板(胶合板、纤维板)。

(1) 石膏板:石膏板应竖向排列,长边接缝宜落在竖筋上。采用自攻螺钉将石膏板与木龙骨钉接,从板的中部开始向板的四边固定,钉距≤200 mm,中间部分螺钉的间距≤300 mm,螺钉与板边缘的距离应为 10 ~ 16 mm。钉头略埋入板内,但不得损坏纸面,钉眼应用石膏腻子抹平(图 4.2.7);钉头应做防锈处理。采用半槽榫接时,在咬口处涂胶加钉连接牢固,骨架竖向应使用较大断面的方木予以支撑加固。

(2) 木制人造板(胶合板、纤维板):木制人造板要对板材背面进行防火处理(图 4.2.8)。采用圆钉钉接,钉长为 20 ~ 35 mm,钉帽应打扁,钉帽宜进入板面 0.5 mm,钉眼用油性腻子抹平。

图 4.2.7　自攻螺钉处理方法

图 4.2.8　刷防火涂料

4. 填充隔声保温材料

木龙骨隔墙的隔声保温材料主要有岩棉、玻璃丝棉、聚苯板等。为满足保温需要,在饰面板安装完一侧后即可填充隔声保温材料,采用玻璃丝绵或者 30 ~ 100 mm 厚岩棉板进行隔声处理,如图 4.2.9 所示。

5. 缝隙处理

木制人造板板缝的处理方法主要有:明缝、拼缝、金属压缝、木压条压缝,如表 4.2.2 所示。

图 4.2.9　填充岩棉

表 4.2.2　板缝处理方法

类型	处理方法	形式
明缝	相邻板间留有相同宽度的缝隙,一般为 8 ~ 10 mm	
拼缝	木制板四边进行倒角处理,以便在以后基层处理时可将木胶合板之间的缝隙填平,其板边倒角以 45° 为宜	
金属压缝	预制金属压条背面刷胶黏结在相邻板缝隙之间	金属压条
木压条压缝	用木压条固定胶合板,木压条干燥无裂纹,钉距不大于 200 mm,钉帽打扁钉入木压条面 0.5 ~ 1.0 mm	木压条

四、质量验收

1. 主控项目

（1）骨架隔墙所用龙骨、配件、墙面板、填充材料及嵌缝材料的品种、规格、性能和木材的含水率应符合设计要求。有隔声、隔热、阻燃、防潮等特殊要求的工程,材料应有相应性能等级的检测报告。

（2）骨架隔墙工程边框龙骨必须与基体结构连接牢固,并应平整、垂直、位置正确。

（3）骨架隔墙中龙骨间距的构造连接方法应符合设计要求。骨架内设备管线、门窗洞口等部位加强龙骨应安装牢固、位置正确,填充材料的设置应符合设计要求。

（4）木龙骨及木墙面板的防火和防腐处理必须符合设计要求。

（5）骨架隔墙的墙面板应安装牢固,无脱层、翘曲、折裂及缺损。

（6）墙面板所用接缝材料的接缝方法应符合设计要求。

2. 一般项目

（1）骨架隔墙表面应平整光滑,色泽一致、无裂缝,接缝应均匀、顺直。

（2）骨架隔墙上的孔洞、槽、盒应位置正确、套割吻合、边缘整齐。

（3）骨架隔墙金属吊杆、龙骨的接缝应均匀一致,角缝应吻合,表面应平整,无翘曲、锤印。木质吊杆、龙骨应顺直,无劈裂、变形。

（4）骨架隔墙内的填充材料应干燥,填充应密实、均匀、无下坠。

（5）骨架隔墙安装的允许偏差和检验方法应符合表 4.2.3 的规定。

表 4.2.3　骨架隔墙安装的允许偏差和检验方法

项次	项目	允许偏差/mm		检验方法
		纸面石膏板	人造木板、水泥纤维板	
1	立面垂直度	3	4	用 2 m 垂直检测尺检查
2	表面平整度	3	3	用 2 m 靠尺和塞尺检查
3	阴阳角方正	3	3	用直角检测尺检查
4	接缝直线度	—	3	拉 5 m 线,不足 5 m 拉通线,用钢直尺检查
5	压条直线度	—	3	拉 5 m 线,不足 5 m 拉通线,用钢直尺检查
6	接缝高低差	1	1	用钢直尺和塞尺检查

答案
课堂训练

任务拓展

● 课堂训练

1. 木龙骨隔墙的骨架形式有两种:_____龙骨和_____龙骨,_____木龙骨适用于隔墙高度在 3.0 m 以下,_____木龙骨适用于高度在 3.0 m 以上。

2. 下槛对准两侧_____,两端顶紧靠墙_____然后固定,可用木楔圆钉或膨胀螺栓固定。

3. 石膏板应_____排列,长边接缝宜落在_____上。采用自攻螺钉将石膏板与木龙骨钉接,从板的中部开始向板的四边固定,钉距不应大于_____ mm,中间部分螺钉的间距不应大于_____ mm,螺钉与板边缘的距离应为_____ mm。

4. 木制人造板要对板材背面进行_____处理。采用圆钉钉接,钉长为 20 ~ 35 mm,钉帽应打扁,钉帽宜进入板面_____ mm,钉眼用_____抹平。

● 学习思考

观察图 4.2.10 所示单层木龙骨石膏板隔墙工艺流程,说出主要施工步骤及施工要点。

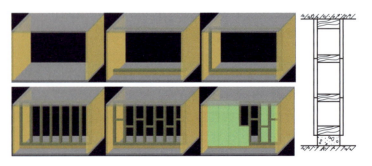

图 4.2.10　单层木龙骨石膏板隔墙

任务3　轻钢龙骨石膏板隔墙构造与施工

任务目标

课件
轻钢龙骨石膏板隔墙构造与施工

通过本任务的学习,达到以下目标:

1. 掌握轻钢龙骨石膏板隔墙的主要材料、装饰构造及优势,培养学生开拓创新精神。

2. 掌握轻钢龙骨石膏板隔墙的施工流程,养成遵守规范、标准习惯,培养学生岗位责任意识。

3. 熟悉轻钢龙骨石膏板质量验收标准,树立工程质量意识。

任务描述

● **任务内容**

某写字楼采用轻钢龙骨石膏板隔墙分隔办公室区域与走廊(图4.3.1),试说明轻钢龙骨石膏板隔墙的装饰构造,编制隔墙施工流程并进行质量验收。

图4.3.1　轻钢龙骨石膏板隔墙

● **实施条件**

1. 室内屋面、顶棚、墙面抹灰已完成。

2. 设计要求有地枕带时,待地枕带完成并达到设计强度,方可进行轻钢龙骨安装。

3. 所有材料,必须有材料检测报告及合格证。

4. 施工作业温度不低于5 ℃。

相关知识

一、认识轻钢龙骨石膏板隔墙构造

轻钢龙骨石膏板隔墙的骨架一般由沿顶龙骨、沿地龙骨、竖向龙骨、横撑龙骨、加强龙骨及配套件组成。一般做法是采用预埋件、射钉或膨胀螺栓安装沿地、沿顶龙骨(U形),然后根据饰面板的尺寸安装竖向龙骨(C形),间距一般为400～600 mm,竖向龙骨根据需要设置横撑龙骨,如图4.3.2所示。

在竖向龙骨上,每隔300 mm左右应预留一个专用孔,以备安装管线使用,如图4.3.3所示。

二、轻钢龙骨石膏板隔墙材料及机具

1. 选择隔墙材料

轻钢龙骨石膏板隔墙的材料主要有轻钢龙骨、纸面石膏板、填充材料、轻钢龙骨配

件等,如表 4.3.1 所示。

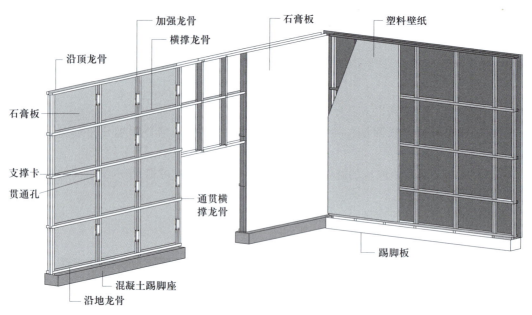

图 4.3.2　轻钢龙骨石膏板隔墙构造

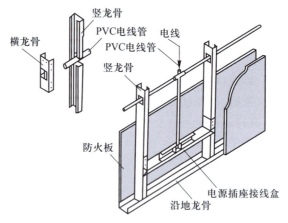

图 4.3.3　线路安装构造

表 4.3.1　轻钢龙骨石膏板隔墙材料

名称	用途	形式
轻钢龙骨	按截面分为 C 形和 U 形两种;按规格尺寸分为 Q50、Q75、Q100、Q150。规格尺寸要与设计构造相符合:Q50 系列用于层高 3.5 m 以下的隔墙;Q75 系列用于层高 3.5~6.0 m 的隔墙;Q100 系列可用于层高 5.0~8.0 m 的隔墙	C50主龙骨　C50副龙骨　C50边龙骨 C60主龙骨　C60副龙骨　C60边龙骨

续表

名称	用途	形式
轻钢龙骨配件	支撑卡、卡托、角托、连接件、固定件等，应符合设计要求及相关标准	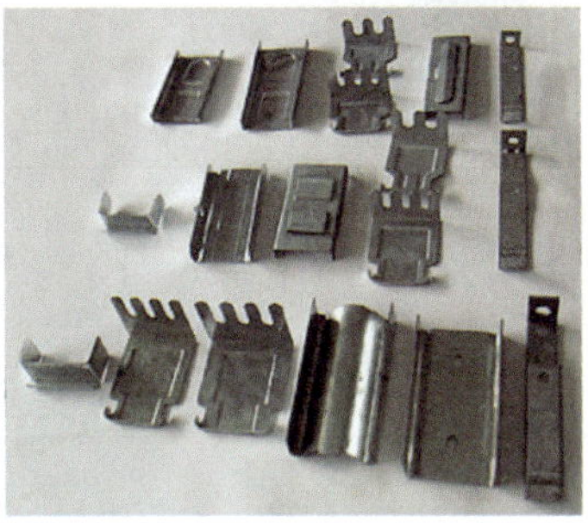
石膏板	隔墙石膏板种类多样，施工时按照深化设计要求选用。石膏板长度根据工程需要确定。宽度：1 200 mm、900 mm；厚度：9.5 mm、12 mm、15 mm、18 mm、25 mm，常用的为 12 mm。石膏板表面应平整、洁净，有相关检测报告	
填充材料	为满足保温隔声需要，隔墙内可填充玻璃丝绵、岩棉等材料，材料应有相应性能等级检测报告	
紧固材料	紧固材料主要有射钉、膨胀螺栓、自攻螺钉、嵌缝带等，材料应符合设计及相关标准要求。12 mm 厚石膏板用 25 mm 长螺钉，两层 12 mm 厚石膏板用 35 mm 长螺钉	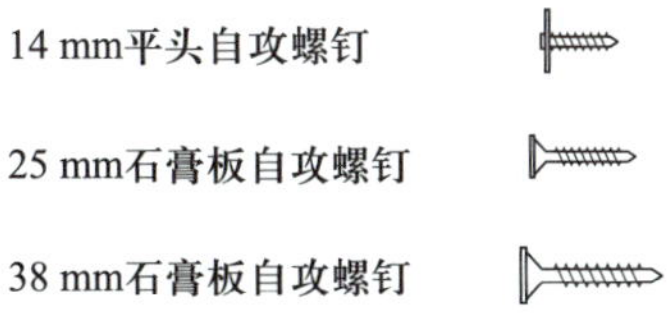 14 mm平头自攻螺钉 25 mm石膏板自攻螺钉 38 mm石膏板自攻螺钉
嵌缝材料	嵌缝腻子、嵌缝带、玻璃纤维布。嵌缝腻子：抗压强度>3.0 MPa，终凝时间>0.5 h	

做一做：

　　根据所学轻钢龙骨石膏板装饰构造或查找相关资料，填写轻钢龙骨隔墙材料名称及使用方法。

图例	名称及使用部位	图例	名称及使用部位

2. 选择机具

（1）电动机具：直流电焊机、电动自攻钻、电动无齿锯、射钉枪。

（2）手动机具：线坠、靠尺、板锯、刮刀。

三、施工流程及要点

（一）施工流程

轻钢龙骨石膏板隔墙施工流程：弹线→安装龙骨（沿地、沿边、沿顶、竖龙骨）→安装电气管线→安装石膏板→接缝处理。

（二）施工要点

1. 弹线

图 4.3.4 弹双线

根据设计图纸在隔墙地面弹出隔墙位置双线（图 4.3.4），引至楼板（梁）底面、两侧墙（柱）面，将门洞口、竖龙骨位置线标在地面及楼板（梁）底面，在隔墙双线上标出龙骨与地面线连接处固定点，固定点按照 500～1 000 mm 的间距确定，注意弹线应清楚、位置准确。

2. 安装龙骨

轻钢龙骨石膏板隔墙安装龙骨的过程：做墙垫→沿地龙骨、沿顶龙骨→沿边龙骨→竖龙骨→横撑龙骨、贯通龙骨。

（1）在安装龙骨前应先做墙垫，将墙垫与地面接触部位清理干净，刷界面剂一道，随即用 C20 混凝土做墙垫，高度按照设计要求确定，无要求时控制在 100 mm。墙垫表面平整、两侧垂直。

（2）安装沿地、沿顶、沿边龙骨。沿顶、沿地龙骨采用 U 形龙骨，沿边龙骨采用 C 形龙骨。沿弹线位置固定沿顶、沿地龙骨，可用射钉或膨胀螺栓固定，钉距不应大于 600 mm。为使墙体与边龙骨能够结合得更好，在龙骨与墙体间应铺橡胶条或沥青泡沫塑料条，龙骨应保持平直。沿地、沿边龙骨固定方式如图 4.3.5 所示。

（3）安装竖龙骨。竖龙骨采用 C 形龙骨，竖龙骨间距按照设计要求确定。如设计无要求，可按照石膏板宽确定，常用石膏板宽为 900 mm、1 200 mm，龙骨间距 450 mm、600 mm。竖龙骨与沿地、

图 4.3.5 沿地、沿边龙骨固定方式
1—U 形沿地龙骨；2—C 形沿边龙骨；
3—墙体基层；4—射钉或膨胀螺栓；
5—支撑卡

动画
轻钢龙骨石膏板隔墙施工工艺

沿顶龙骨连接常用做法是采用拉铆钉固定。竖龙骨与沿地龙骨固定方式如图 4.3.6 所示。

(a) 竖龙骨与沿地龙骨连接方式

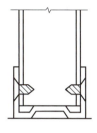
(b) 拉铆钉固定竖龙骨与沿地龙骨

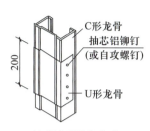
(c) 竖龙骨接长方式

图 4.3.6　竖龙骨与沿地龙骨固定方式

想一想：
竖向龙骨的间距为什么按照石膏板的板宽确定？能否按照石膏板的板长确定？为什么？

（4）安装通贯龙骨。按照图纸设计要求施工，在竖龙骨冲孔，同一通贯龙骨的冲孔应保持在一个水平面上。通贯龙骨无设计要求时，低于 3 m 的隔断墙安装 1 道、3 ~ 5 m 的隔断墙安装 2 ~ 3 道、5 m 以上隔断安装 3 道。竖龙骨冲孔处安装支撑卡，将支撑卡安装于竖龙骨开口面，卡距为 400 ~ 600 mm，距龙骨两端的距离为 20 ~ 25 mm。竖龙骨与通贯龙骨连接构造如图 4.3.7 所示。

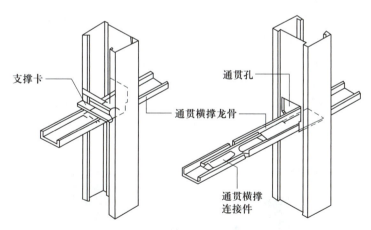

图 4.3.7　竖龙骨与通贯龙骨连接构造

（5）安装横撑龙骨。横撑龙骨的安装不是必需的，要与设计要求相符合，当隔墙骨架高度超过 3 m 时，或相邻两块石膏板接缝处不能落在龙骨上，应增加横向龙骨，连接构造如图 4.3.8 所示。选用 U 形或 C 形竖龙骨作横向布置，将卡托、支撑卡、角托（置于竖龙骨背面与横撑龙骨背面）与竖向龙骨连接固定。

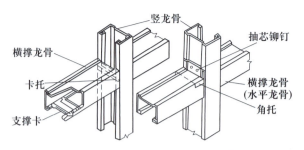

横撑龙骨
卡托
支撑卡
竖龙骨
抽芯铆钉
横撑龙骨
（水平龙骨）
角托

图 4.3.8   竖龙骨与横撑龙骨连接构造

多学一点:通贯龙骨与横撑龙骨区别

通贯龙骨:为增加轻钢龙骨石膏板隔墙整体性、牢固性,通贯龙骨贯穿于整个隔墙长度方向,并且通贯龙骨与每根竖龙骨都能有效连接。

横撑龙骨:横撑龙骨是置于两根竖龙骨之间的水平构件,两根竖龙骨的间距决定横撑龙骨的长度。

3. 安装电气管线

电气管线的安装根据图纸要求施工,可以与龙骨安装同步进行或一侧石膏板安装完成后,安装电气管线时为便于施工、满足防火要求应进行穿管,同时不能切断横、竖龙骨,避免在沿墙下端设置管线。

4. 安装石膏板

（1）安装石膏板前,检查轻钢骨架的牢固性,附墙设备、门窗框等与龙骨固定是否符合设计要求,还应检查龙骨的平整度和垂直度,龙骨表面平整度≤2 mm、立面垂直度≤3 mm,如不符要求应及时调整。

（2）在石膏板上画出横竖龙骨位置线,石膏板安装应用竖向排列,相邻竖向石膏板错缝排列,用自攻螺钉钻将高强自攻螺钉从板中间向两边进行钉接（图4.3.9）,钉头略埋入板内,但不得损坏纸面。12 mm 厚石膏板用 25 mm 长螺钉,两层 12 mm 厚石膏板用 35 mm 长螺钉。自攻螺钉在石膏板上距完整板边大于 10 mm ~ 16 mm,距切割后的板边至少 15 mm。板边钉距 250 mm,板中钉距 300 mm。石膏板两端与楼板应留 6 ~ 8 mm 缝隙,隔墙两面石膏板横向接缝应错开,墙两面接缝不能落在同一龙骨上。

图 4.3.9   固定石膏板

（3）卫生间等湿度较大的房间隔墙应做墙垫并采用防水石膏板，石膏板下端与踢脚间留缝 15 mm，并用密封膏嵌严。

（4）安装双层纸面石膏板时，第二层纸面石膏板与安装第一层纸面石膏板方法相同，但第二层板与第一层板的接缝不能落在同一根龙骨上，如图 4.3.10 所示。

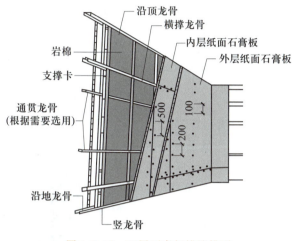

图 4.3.10　双层石膏板错缝排列

安装另一侧面板，安装方法与第一侧石膏板相同，但接缝应与第一侧面板缝错开，拼缝不得放在同一根龙骨上。

为满足保温要求，应填充保温材料，并应铺满铺平（图 4.3.11）。一侧石膏板安装完毕、玻璃丝棉及锡箔纸安装完毕、水电管线施工完毕并水路试压完毕，均进行隐蔽工程的验收。

图 4.3.11　保温工程

5. 接缝处理

石膏板隔墙的接缝处理包括石膏板与墙、顶等接触部位及石膏板之间的接缝处理。

（1）石膏板与墙、顶结构缝隙：将管装建筑嵌缝膏装入嵌缝枪内，把嵌缝膏挤入预留的石膏板边与墙、顶等缝隙内即可。

（2）石膏板间缝隙处理方式：有暗缝、凹缝和压缝三种形式，石膏板缝隙处理方式如图 4.3.12 所示。一般做暗缝较多。

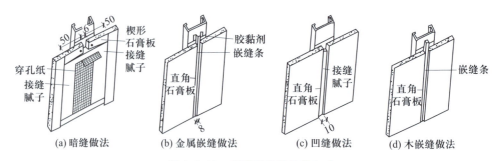

（a）暗缝做法　　（b）金属嵌缝做法　　（c）凹缝做法　　（d）木嵌缝做法

图 4.3.12　石膏板缝隙处理方式

（3）板间接缝处理工艺：清扫缝隙内浮土，刷一道 50% 浓度的 108 胶水溶液，将嵌缝腻子均匀饱满地嵌入板缝；待腻子干透后，接缝处刮上宽约 60 mm、厚约 1 mm 的嵌缝腻子，随即贴上玻璃纤维接缝带（图 4.3.13），用宽为 60 mm 的刮刀，顺接缝带将纸带内的腻子挤出，压实刮平；待腻子开始凝固又尚处于潮湿状态时用宽度为 150 mm 的刮刀，在穿孔带上面刮涂一薄层嵌缝腻子，用 300 mm 宽的刮刀刮一道腻子，厚度不超过石膏板面 2 mm，待腻子干透后，用砂纸打磨。

图 4.3.13　粘贴嵌缝带

四、质量验收

1. 主控项目

（1）骨架隔墙所用龙骨、配件、墙面板、填充材料及嵌缝材料的品种、规格、性能应符合设计要求。有隔声、隔热、阻燃、防潮等特殊要求的工程，材料应有相应性能等级的检测报告。

（2）骨架隔墙工程边框龙骨必须与基本结构连接牢固，并应平整、垂直、位置正确。

（3）骨架隔墙工程中龙骨间距和构造连接方法应符合设计要求。骨架内设备管道的安装、门窗洞口等部位加强龙骨应安装牢固，位置正确，填充材料的设置应符合设计要求。

（4）骨架隔墙的墙面板应安装牢固，无脱层、翘曲、折裂及缺损。

（5）墙面板所用接缝材料的接缝方法应符合设计要求。

2. 一般项目

（1）骨架隔墙表面应平整光滑、色泽一致、洁净、无裂缝，接缝应均匀、顺直。

（2）骨架隔墙上的孔洞、槽、盒位置正确，套割吻合，边缘整齐。

（3）骨架隔墙内的填充材料应干燥，填充应密实、均匀、无下坠。

（4）轻钢龙骨石膏板隔墙安装的允许偏差和检验方法如表 4.3.2 所示。

表 4.3.2　轻钢龙骨石膏板隔墙安装的允许偏差和检验方法

项目	允许偏差/mm	检验方法
立面垂直度	3	用 2 m 垂直检测尺检查
表面平整度	3	用 2 m 靠尺和塞尺检查
阴阳角方正	3	用方尺检查
接缝高低差	1	用钢直尺和塞尺检查

任务拓展

● 课堂训练

1. 轻钢龙骨石膏板隔墙的骨架一般由_____、_____、_____、_____、_____及配套件组成。

2. 沿顶、沿地龙骨采用_____形龙骨,沿边龙骨采用_____形龙骨。沿弹线位置固定沿顶、沿地龙骨,可用射钉或膨胀螺栓固定,钉距不应大于_____ mm。

3. 通贯龙骨无设计要求时,低于 3 m 的隔断墙安装_____道。竖龙骨冲孔处安装_____,卡距为_____ mm,距龙骨两端的距离为 20 ~ 25 mm。

4. 石膏板间缝隙处理方式有_____、_____和_____三种形式。

答案
课堂训练

● 学习思考

某商场采用轻钢龙骨石膏板隔墙,施工完成后一年出现了质量问题,墙体收缩变形及板面裂缝,试分析出现问题的原因及解决措施。

任务 4　玻璃砖隔墙构造与施工

课件
玻璃砖隔墙构造与施工

任务目标

通过本任务的学习,达到以下目标:

1. 理解玻璃砖隔墙的装饰构造及场景应用,培养学生创新设计思维能力。
2. 了解玻璃砖隔墙主要材料及机具的选择。
3. 掌握玻璃砖隔墙的施工技术要点,培养学生遵守规范、标准的岗位责任意识。
4. 熟悉玻璃砖质量验收标准,树立工程质量意识。

任务描述

● 任务内容

为满足保温、隔声、抗压耐磨、透光折光、防火避潮的性能,卫生间采用空心玻璃砖隔墙分割室内功能空间(图4.4.1)。试说明玻璃砖隔墙的装饰构造,编制隔墙施工流程并进行质量验收。

图 4.4.1　玻璃砖隔墙

● **实施条件**

1. 做好地面防水层。
2. 用素混凝土或垫木找平,并控制好标高。
3. 在玻璃砖墙四周弹好墙身线。
4. 固定好墙顶及两端的槽钢或木框。

相关知识

一、玻璃砖隔墙构造

玻璃砖隔墙是指用木材、金属型材等作为边框,在边框内将玻璃砖四周的凹槽内灌注黏结砂浆或专用胶黏剂,把单个玻璃砖拼装到一起而形成的隔墙,不仅能分割空间,还具有采光、保温隔声和装饰的功能。

玻璃砖在室内装饰装修的施工做法,可分为砌筑法和胶筑法两种。玻璃砖隔墙的外框,采用铝合金边框。为满足玻璃砖的热胀冷缩物理功能,通常在边框与玻璃砖之间搁置衬垫玻璃丝棉毡条等缓冲材料。面积较大玻璃砖隔墙砌筑时,在玻璃砖层之间设置双排 $\phi 6$ 增强钢筋,钢筋与金属外框固定。玻璃砖隔墙构造如图4.4.2所示。

阅读
玻璃砖胶筑法

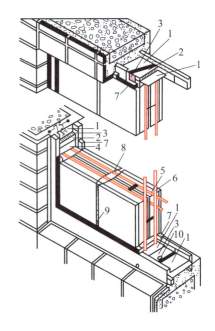

图 4.4.2　玻璃砖隔墙构造
1—金属框;2—玻璃丝毡或聚苯等缓冲材料;
3—滑动材料;4—弹簧片;5—水平增强钢筋;
6—竖向增强钢筋;7—密封材料;8—砌筑砂浆;
9—勾缝砂浆;10—渗水孔

二、隔墙材料及机具

1. 选择隔墙材料

玻璃砖隔墙的材料主要有玻璃砖、金属型材、定位支架、胶结材料等,如表4.4.1所示。

表 4.4.1　玻璃砖隔墙材料

名称	用途	形式
玻璃砖	玻璃砖按内部构造分有实心砖与空心砖两大类,按外形分有正方形、矩形及各种异形产品。具有强度高、透明度好,以及良好的隔声、绝热、耐水、防火等特点。颜色多种,空心玻璃砖有 115 mm、145 mm、240 mm、300 mm 等规格	
金属型材	型材的尺寸为空心玻璃砖厚度加滑动缝隙,金属型材经常采用 U 形,深度应为 50 mm,用于玻璃砖墙边条重叠部分的胀缝	
胶结材料	强度等级为 32.5 或 42.5 的白色硅酸盐水泥或环氧树脂胶、玻璃胶黏剂	
定位支架	塑料制品,规格为 6 ~ 10 mm,有 T 形、L 形等	
辅助材料	Φ6 钢筋、玻璃丝毡等	

2. 选择机具

(1) 电动机具:电动无齿锯等。

(2) 手动机具:大铲、托线板、线坠、水平尺、皮数杆、橡皮锤等。

动画
玻璃砖隔墙

三、施工流程及要点

（一）施工流程
玻璃砖隔墙施工流程：固定型材→选砖排砖→扎筋→砌砖→勾缝→嵌缝处理。

（二）施工要点

1. 固定型材
采用膨胀螺栓将槽钢或铝合金型材固定在玻璃砖隔墙位置处，螺栓最大间距为500 mm。在型材的底面贴硬质泡沫塑料（作为胀缝），在型材的侧面贴沥青纸（作为滑缝），泡沫塑料至少10 mm厚。

2. 选砖排砖
根据弹好的位置线，首先要认真核对玻璃砖墙长度尺寸是否符合排砖模数。预排时应挑选棱角整齐、规格相同、对角线基本一致、表面无裂痕和磕碰的砖进行排砖。玻璃砖砌体采用十字缝立砖砌法。两玻璃砖对砌，砖缝间距为5～10 mm。根据弹好的玻璃砖墙位置线，认真核对玻璃砖墙长度尺寸是否符合排砖模数。

3. 扎筋
玻璃砖隔墙在砌筑时，以1.5 m作为一个施工阶段，待下部施工段胶结材料达到设计强度后再进行上部施工。水平方向，在每两到三层玻璃砖上水平设置两根 φ6 钢筋，垂直方向，每三个立缝至少设置1根钢筋，如图4.4.3所示。将金属框与墙体同时开孔，钢筋伸入槽口不小于35 mm。

4. 砌砖
砌筑之前，应双面挂线。为保证水平灰缝均匀一致，每皮玻璃砖砌筑时均要挂平线看平。按上、下层对缝的方式，自下而上砌筑，两玻璃砖之间的砖缝不得小于10 mm，也不得大于30 mm。在缝隙中，每块空心砖间用塑料支架隔开，如图4.4.4所示。玻璃砖墙用白水泥砂浆砌筑（白水泥：细砂＝1：1或白水泥：108胶＝100：7，白水泥浆要有一定的稠度，以不流淌为好）。玻璃砖墙宜以1.5 m高为一个施工段，待下部施工段胶结料达到设计强度后再进行上部施工。空心玻璃砖与顶部金属型材框的腹面之间应用木楔固定。

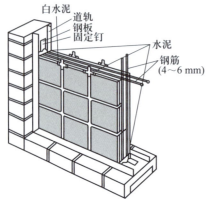

图4.4.3　玻璃砖钢筋设置

图4.4.4　塑料支架

5. 勾缝

　　砌完后，将定位支架上端头处拔掉。首先要划缝，深浅一致，清扫干净，2～3 h后，即可勾缝（图4.4.5），砂浆掺入水泥质量2%的石膏粉。砌筑砂浆应注意根据砌筑量随时拌和，且其存放时间不得超过3 h。

图4.4.5　勾缝

四、质量验收

1. 主控项目及一般项目

　　玻璃砖墙验收主控项目、一般项目，如表4.4.2所示。

2. 允许偏差及检验方法

　　玻璃砖墙安装的允许偏差和检验方法如表4.4.3所示。

表4.4.2　玻璃砖墙项目验收

项目	质量要求
主控项目	玻璃砖墙(隔断)工程所用材料的品种、规格、性能、图案和颜色应符合设计要求
	玻璃砖墙(隔断)的砌筑应符合设计要求
	玻璃砖墙(隔断)砌筑中埋设的拉结筋与基体结构连接牢固，并应位置准确
一般项目	玻璃砖墙(隔断)表面应色泽一致、平整洁净、清晰美观
	玻璃砖墙(隔断)接缝应横平竖直，玻璃砖无裂痕和缺损

表4.4.3　玻璃砖墙安装的允许偏差及检验方法

项目	偏差/mm	检验方法
立面垂直度	3	用2 m垂直检测尺检查
表面平整度	3	用2 m垂直检测尺检查
阴阳角方正	—	用2 m垂直检测尺检查
接缝平直度	—	拉5 m线，不足5 m拉通线，用钢直尺检查
接缝高低差	3	用钢直尺和塞尺检查
接缝宽度	—	用钢直尺检查

任务拓展

● 课堂训练

1. 玻璃砖在室内装饰装修的施工做法，可分为_____和_____两种。

答案
课堂训练

2. 采用_____将铝合金型材固定在玻璃砖隔墙位置处,螺栓最大间距为_____ mm。

3. 水平方向,在每两到三层玻璃砖上水平设置_____根 φ6 钢筋,垂直方向,每三个立缝至少设置_____根钢筋。

4. 玻璃砖墙安装的允许偏差和检验方法,接缝高低差为_____ mm,用_____和_____检查。

● 学习思考

查看玻璃砖隔墙构造与工艺,找出玻璃砖隔墙砌筑法与胶筑法构造及施工的不同之处。

项目五

门窗装饰构造与施工

知识导入

门窗工程项目概况

素养提升
中国门窗的发展史

一、门的功能

门的主要功能是分隔和交通,同时还兼具通风、采光之用。在特殊情况下,又有保温、隔声、防风雨、防风沙、防水、防火及防放射线等功能。

门的开设数量和大小,一般应由交通疏散、防火规范和家具、设备大小等要求来确定。一个房间开几个门,每个门的尺寸取多大,每个建筑物门的总宽度是多少,都应按交通疏散要求和防火规范来确定。

课件
门窗概述

二、窗的功能

窗的主要功能是采光、通风、保温、隔热、隔声、眺望、防风雨及防风沙等,有特殊功能要求时,窗还可以防火及防放射线等。

(1) 采光。窗的大小应满足窗地比的要求。窗地比是指窗洞面积与房间净面积的比值。窗采光标准如表 5.0.1 所示。

窗的透光率是影响采光效果的重要因素。透光率是指窗玻璃面积与窗洞口面积的比值。

表 5.0.1　窗采光标准

等级	采光系数	运用范围
Ⅰ	1/4	博览厅、制图室等
Ⅱ	1/4 ~ 1/5	阅览室、实验室、教室等
Ⅲ	1/6	办公室、商店等
Ⅳ	1/6 ~ 1/8	起居室、卧室等
Ⅴ	1/8 ~ 1/10	采光要求不高的房间,如盥洗室、厕所等

（2）通风。在确定窗的位置及大小时,应尽量选择对通风有利的窗型及合理的布置,以获得较好的空气对流。

（3）围护功能。窗的保温、隔热作用很大。窗的热量散失,相当于同面积围护结构的 2 ~ 3 倍,占全部热量的 1/4 ~ 1/3。窗还应注意防风沙、防雨淋。窗洞面积不可任意加大,以减少热损耗。

（4）隔声。窗是噪声的主要传入途径。一般单层窗的隔声量为 15 ~ 20 dB(分贝),约比墙体隔声少 60%。双层窗的隔声效果较好,但应该慎用。

（5）美观。窗的样式在满足功能要求的前提下,力求做到形式与内容的统一和协调。同时还必须符合整体建筑立面处理的要求。

（6）窗的尺寸。应符合模数制的有关规定。

三、门窗开启方式

窗按启闭方式分为平开窗、推拉窗、旋转窗、固定窗、悬窗、百叶窗和纱窗等。门的开启方式如图 5.0.1 所示。

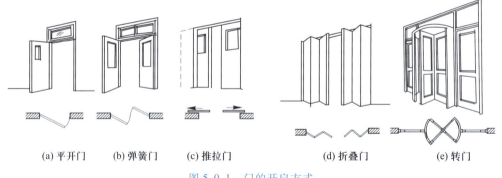

(a) 平开门　　(b) 弹簧门　　(c) 推拉门　　　　(d) 折叠门　　　　(e) 转门

图 5.0.1　门的开启方式

四、门窗种类

按门窗的功能不同可分为普通门窗、隔声门窗、防火门窗、防水防潮门窗、保温门窗和防爆门窗等。

按门窗扇多少和门窗框构造可分为单扇门窗、双扇门窗和多扇门窗,有固定扇门窗、无固定扇门窗,带亮子门窗和不带亮子门窗。

按门窗使用的材质不同又可分为木门窗、铝合金门窗、塑钢门窗、玻璃门、特种门等如表 5.0.2 所示。

推拉门窗的门窗扇可沿左右方向推拉启闭,分为明式推拉、内藏推拉和垂直推拉三种。

表 5.0.2　门 窗 分 类

分类	介绍	形式
装饰木门窗	装饰木门窗是木门窗发展延续的一种新的表现形式,在构造和工艺上都融合了现代设计元素。木门窗分平开门窗、推拉门窗两类。平开门窗具有密封性好的特点;推拉门窗具有占用空间少的特点,依据需要和爱好选择	
断桥铝门窗	断桥铝门窗,采用隔热断桥铝型材和中空玻璃,具有节能、隔声、防噪、防尘、防水等功能。断桥铝门窗的热传导系数 K 值为 $3W/(m^2 \cdot K)$ 以下,比普通门窗热量散失减少一半,降低取暖费用30%左右	
塑钢门窗	塑钢门窗是以聚氯乙烯(UPVC)树脂为主要原料,加上一定比例的稳定剂、着色剂、填充剂、紫外线吸收剂等,经挤出成型材,然后通过切割、焊接或螺接的方式制成门窗框扇,配装上密封胶条、毛条、五金件等。同时为增强型材的刚性,超过一定长度的型材空腔内需要填加钢衬(加强筋),这样制成的门窗,称为塑钢门窗	

续表

分类	介绍	形式
旋转门	旋转门集聚各种门体优点于一身,其宽敞和高格调的设计营造出奢华的气氛,堪称建筑物的点睛之笔。旋转门增强了抗风性,减少了空调能源消耗,是隔离气流和节能的最佳选择	
玻璃门	玻璃门是比较特殊的一种门,玻璃门分钢化玻璃和普通浮法玻璃,一般采用厚度为 12 mm 规格的玻璃材质制作,采用钢化玻璃既坚固又安全	
卷帘门	卷帘门(卷闸门)是以多关节活动的门片串联在一起,在固定的滑道内,以门上方卷轴为中心转动上下的门	
特种门	如钢制防火卷门、钢制防水平开门、配变电所平开门、轻钢防射线门、消防门	

注:断桥铝是将铝合金从中间断开,采用硬塑将断开的铝合金连为一体。由于塑料导热明显比金属慢,故热量不容易通过整个材料,材料的隔热性能也就变好了,这就是"断桥铝(合金)"名字的由来。

装修讲堂

细节决定门窗的匠心品质

　　门窗系统是建筑外围护体系中重要组成部分,主要包括型材、五金、玻璃、密封胶、密封条和多种辅材等,设计中需考虑美学、结构力学和光热能量的传导控制、噪声控制,以及抗风压、气密性、水密性、使用便利性、耐用性和耐候性等诸多因素。

　　人们把门窗系统比作建筑的"眼睛",足见其重要性,俗话说"细节决定成败",门窗装饰工程同样如此,门窗细节见下表。

门窗细节	介绍	图示
型材壁厚	断桥铝合金门窗的型材断面壁厚严格遵循国家标准。壁厚要求都必须在1.4~2.0 mm之间,因为壁厚关系到组装技术和组成门窗的牢固安全问题	
拼角	好的门窗角部两个型材的连接,是用铝角码连接,用组角机把型材与角码挤压在一起,在孔里注射双组分胶,让角码框材固化在一起。用手触摸拼角的拼缝来判断质量,越平滑的说明组角加工质量越好	45°一体角码
胶条	为了保证门窗的密封,门窗系统使用了大量橡胶密封件,好的密封胶条具有较好的弹性、色泽黑亮且不易变形	

续表

门窗细节	介绍	图示
五金	五金包括门锁、执手、撑挡、合页、闭门器。五金的质量等级应与门窗的质量等级一致,五金的结构、形状应与型材相吻合,色彩协调美观、功能正确、操作灵活、安装方便	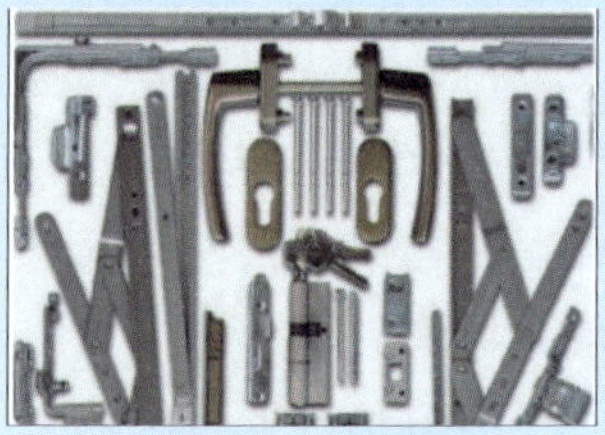
玻璃	玻璃占据整个门窗面积的80%,玻璃的优劣决定门窗隔声、安全、隔热以及透光等功能	
门窗密封性能	采用夹纸法或者火苗检测法可检查门窗密封性能。 夹纸法:在门窗的开启扇和窗框中间夹一张A4纸,关紧窗后,用手拉住纸张。若纸张无法被抽出,表面密封性能好。 火苗检测法:使火苗靠近关严的窗缝前面,火苗没有摆动则表示密封合格;反之窗户密封不合格	

任务1   装饰木门构造与施工

任务目标

通过本任务的学习,达到以下目标:

1. 了解装饰木门主要类型及选择方法。
2. 掌握装饰木门的装饰构造。
3. 掌握装饰木门的施工技术要点,培养学生精益求精的工匠精神。
4. 熟悉装饰木门质量验收标准,树立工程质量意识。

课件
装饰木门构造与施工

任务描述

● 任务内容

卧室与客厅采用装饰木门进行空间划分(图5.1.1、图5.1.2),门洞宽750 mm,门洞高 2 000 mm。按照《建筑装饰装修工程质量验收标准》（GB 50210—2018）、《房屋建筑室内装饰装修制图标准》（JGJ/T 244—2011）的要求，绘制装饰木门节点详图，编制装饰木门施工流程，并进行质量验收。

图 5.1.1　内门安装前

图 5.1.2　内门安装后

● **实施条件**

1. 其他湿作业装饰工程完工后，按照整体施工顺序进行门的制作和安装。

2. 先预留出门洞，待地面工程作业如地面砖、木地板铺设完毕，墙面涂料作业完成后方可安装，无须砌口。

3.《建筑装饰装修工程质量验收标准》（GB 50210—2018）。

相关知识

一、认识装饰木门构造

装饰木门一般由门框、门扇、五金配件、门套等组成。当门的高度超过 2.1 m 时，还要增加上窗结构（又称亮子、幺窗）。装饰木门的一般构造如图 5.1.3～图 5.1.5 所示。装饰木门主要分为实木门与实木复合门，以其品种丰富、造型多变、天然纹理、装饰性强等特点，是现代居室装饰常采用的两类门。

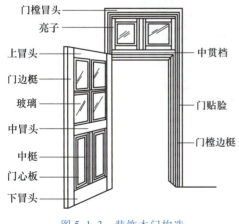

图 5.1.3　装饰木门构造

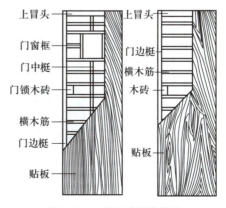

图 5.1.4　贴面式门扇构造

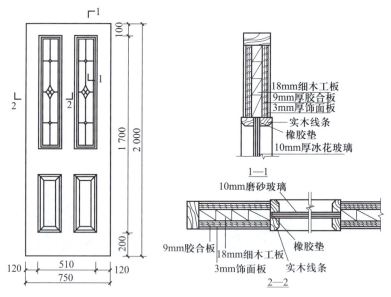

图 5.1.5　贴面式门扇节点

1. 实木门

实木门是指制作木门的材料是取自天然原木或者实木集成材（也称实木指接材或实木齿接材），经过烘干、下料、刨光、开榫、打眼、高速铣形、组装、打磨、上油漆等工序科学加工而成。实木门具有不变形、耐腐蚀、无裂纹及隔热保温等特点；同时，实木门因具有良好的吸声性，可以有效地起到隔声的作用。

2. 实木复合门

实木复合门的门芯多以松木、杉木或进口填充材料等粘合而成，外贴密度板和实木木皮，经高温热压后制成，并用实木线条封边，其构造如图 5.1.6 所示。

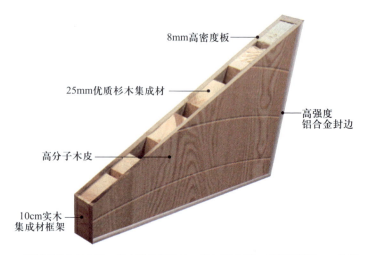

高级的实木复合门，从内到外依次是：门心(实木板)→高密度板(8 mm的奥松板或E1级板材)→木皮(40丝天然木皮)→油漆(三道底漆，两道面漆，PU漆)

图 5.1.6　实木复合门构造

一般高级的实木复合门，其门芯多为优质白松，表面则为实木单板。由于白松密度小，重量轻，且较容易控制含水率，因而成品门的重量都较轻，也不易变形、开裂。另外，实木复合门还具有保温、耐冲击、阻燃等特点，而且隔声效果同实木门基本相同。实木复合门具有手感光滑、色泽柔和的特点，它非常环保、坚固耐用。近年来，以桥洞力学板

图 5.1.7　桥洞力学板结构示意图

（图 5.1.7）为门芯的复合门，因保温、隔声、耐冲击、阻燃、质轻而得到了较好的应用。

> **做一做：**
>
> 　　根据所学知识，小组内讨论交流，查看教室门的基本情况，并说出其构造名称。

二、施工流程及要点

动画
装饰内门安装

（一）施工流程

内门安装流程：现场质检→组装门框→定位门框→门框注胶→安装门扇→安装门套线→安装五金。

（二）施工要点

1. 现场质检

洞口尺寸是否符合安装要求，不符合要求应予以必要的处理。产品运到现场放置于安装位置时，由施工队负责人、厂家共同对门的状况进行检验，如是否有磕碰、划痕、变色等问题，检查门框、门套线、挡门条、密封条等零部件是否齐备，待确认无误后方可安装。

2. 组装门框

按照门扇及洞口尺寸在铺有保护垫或光滑洁净的地面进行门套组装，组装连接处应严密平整，无黑缝，固定配件必须锁紧，对角线应准确。门框组装时竖框与横框搭接处必须涂胶，然后用钉枪予以固定，如图 5.1.8 所示。按照订购方要求确定合页的位置，在主门套板上开槽定位，标准门合页为每扇三个，门锁中心距门扇底边距离为 900 ~ 1 000 mm。确定洞口的尺寸偏差是否影响安装，或者是否有改动，根据墙体的厚度、门板宽度，在墙体定位画线，画线应平直准确。

图 5.1.8　组装门框

3. 定位门框

门框按室内标高线就位,先用木楔从门框周围夹紧门框,通过夹门框内外木楔,调整门框竖直度、水平度及门框内径尺寸,使其达到设计要求(门框与门扇间隙 2.5 ~ 3 mm/边,门扇与地面 5 ~ 8 mm),保持上下框宽度一致,如图 5.1.9 所示。

用木楔夹紧门框

将门套预放门洞口内,用木楔进行临时固定,临时固定点主要为门套板(筒子板)左右两上角位置

运用垂线及其他工具进行垂直度调整

图 5.1.9　定位门框

> **想一想:**
> 有哪些方法可以保证门框顶部及底部宽窄一致?

4. 门框注胶

使用发泡胶结材料对已调整标准的成套门进行最终固定,将发泡胶注入门套与墙体之间的结构空隙内,填充密实度达 85% 以上。安装完成 4 h 内不得有外力影响,以免发生改变。门框与墙体间填充发泡胶前首先要清理干净墙体,用喷壶湿润墙面,注意发泡胶填充要适量,多余发泡胶用刀片切平,如图 5.1.10 所示。

图 5.1.10　门框注胶

5. 安装门扇及门套线

安装门扇首先要找准装合页的扇边,以安装三个合页为好。上下两个从竖框端点到 200 mm 处及中间取三点开出合页槽。用电钻引孔,木螺钉拧牢合页;将门扇作 180°开启状放置门框上。先在竖框上端即距横框 200 mm 处取合页点。门扇及门套线的安装如图 5.1.11、图 5.1.12 所示。

用一条"间隙尺"(自制)将门扇垫好,连续将三个合页引孔加固,把门扇作关闭状翻回框内。另外,安装时要注意门的开启方向

运用木撑或专用工具在门套内进行横向和竖向支撑,对门扇边缝等细部进行调整

图 5.1.11　安装门扇及门套线

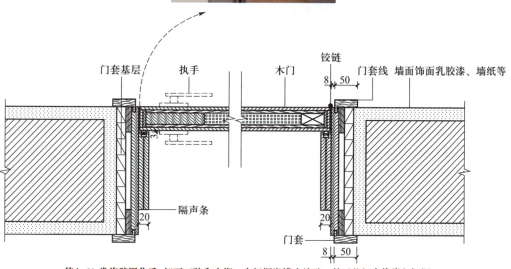

门套基层　执手　木门　铰链　门套线　墙面饰面乳胶漆、墙纸等

隔声条

门套

待4~6 h发泡胶固化后,卸下工装和木楔,在门框嵌槽内涂胶,然后将门套线嵌入门框,轻轻敲紧压实使门套线与墙体紧密贴合

图 5.1.12　安装门套线

6. 安装五金

安装门锁：在距门扇底部 900 ~ 1 000 mm 处开锁孔，并分两面同心钻孔。在操作过程中不得损伤门套、装饰表面，如图 5.1.13 所示。

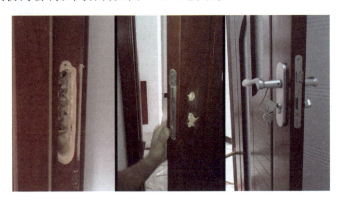

图 5.1.13　安装门锁

安装门吸：门吸的安装方式有两种，一种是安装在地面上，还有一种是安装在墙面或者踢脚板上。

三、质量验收

1. 主控及一般项目验收

木门窗制作与安装工程的质量验收标准如表 5.1.1 所示。

表 5.1.1　木门窗制作与安装工程的质量验收标准

项目	项次	质量要求	检验方法
主控项目	1	木门窗的木材品种、材质等级、规格、尺寸、框扇的线型及人造木板的甲醛含量应符合设计要求	观察；检查材料进场验收记录和复验报告
	2	木门窗应采用烘干的木材进行制作，含水率应符合规定	检查材料进场验收记录
	3	木门窗的防火、防腐、防虫处理应符合设计要求	观察；检查材料进场验收记录
	4	木门窗的结合处和安装配件处，不得有木节或已填补的木节；木门窗如有允许限值以内的死节及直径较大的虫眼时，应用同一材质的木塞加胶填补；对于清漆制品，木塞的木纹和色泽应与制品一致	观察检查
	5	门窗框和厚度大于 50 mm 的门窗扇应用双榫连接；榫槽应采用胶料严密嵌合，并应用胶楔塞紧	观察；手扳检查
	6	胶合板门、纤维板门和模压门不得脱胶；胶合板不得刨透表层单板，不得有戗槎；制作胶合板门、纤维板门时，边框和横楞应在同一平面上，面层、边框及横楞应加压胶结，横楞和上下冒头应各钻两个以上的透气孔，透气孔应通畅	观察检查

续表

项目	项次	质量要求	检验方法
主控项目	7	木门窗的品种、类型、规格、开启方向、安装位置及连接方式应符合设计要求	观察;尺量检查;检查成品门的生产合格证
	8	木门窗框的安装必须牢固;预埋木砖的防腐处理、木门窗框固定点的数量、位置及固定方法应符合设计要求	观察;手扳检查;检查隐蔽工程验收记录和施工记录
	9	木门窗扇必须安装固定,并应开关灵活,关闭严密,无倒翘	观察;开启和关闭检查;手扳检查
	10	木门窗配件的型号、规格、数量应符合设计要求,安装应牢固,位置应准确,功能应满足使用要求	观察;开启和关闭检查;手扳检查
一般项目	11	木门窗表面应洁净,不得有刨痕、锤印	观察检查
	12	木门窗的割角、拼缝应严密平整;门窗框、扇裁口应顺直,刨面应平整	观察检查
	13	木门窗上的槽、孔应边缘整齐,无毛刺	观察检查
	14	木门窗与墙体间缝隙的填嵌材料应符合设计要求,填嵌应饱满;寒冷地区外门窗或门窗框与砌体间的空隙应填充保温材料	轻敲门窗框检查;检查隐蔽工程验收记录和施工记录
	15	木门窗披水、盖口条、压缝条、密封条的安装应顺直,与门窗结合应牢固、严密	观察;手扳检查

2. 允许偏差及检验方法

木门窗制作的允许偏差和检验方法如表 5.1.2 所示。

表 5.1.2 木门窗制作的允许偏差和检验方法

项次	项目	构件名称	允许偏差/mm		检验方法
			普通	高级	
1	翘曲	框	3	2	将框、扇放在检查平台上,用塞尺检查
		扇	2	2	
2	对角线长度差	框、扇	3	2	用钢尺检查,框量裁口里角,扇量外角
3	表面平整度	扇	2	2	用 1 m 靠尺和塞尺检查
4	高度、宽度	框	0,-2	0,-1	用钢尺检查,框量裁口里角,扇量外角
		扇	2,0	1,0	
5	裁口、线条结合处高低差	框	1	0.5	用钢直尺和塞尺检查
6	相邻梗子两端间距	扇	2	1	用钢直尺检查

任务拓展

● 课堂训练

1. 装饰木门主要分为_____门与_____门,以其品种丰富、造型多变、天然纹理、装饰性强等特点,是现代居室装饰常采用的两类门。

2. 按照门扇及洞口尺寸在铺有_____或光滑洁净的地面进行门套组装,组装连接处应严密平整,无黑缝,固定配件必须锁紧,对角线应准确。门框组装时竖框与横框搭接处必须_____,然后用钉枪予以固定。

3. 按照订购方要求确定合页的位置,标准门合页为每扇_____个,门锁中心距门扇底边距离为_____ mm。

4. 安装门吸:门吸的安装方式有两种,一种是安装在_____,还有一种是安装在墙面或者_____上。

● 学习思考

认真观察教室内门安装情况,根据所学相关知识,找出主要存在的问题及避免措施。

任务 2　断桥铝门窗构造与施工

任务目标

课件
断桥铝门窗构造与施工

通过本任务的学习,达到以下目标:

1. 掌握断桥铝门窗的主要材料及装饰构造。

2. 掌握断桥铝门窗的施工技术要点,培养学生遵守规范、精益求精的职业精神。

3. 熟悉断桥铝门窗质量验收标准,强化学生的工程质量意识。

任务描述

● 任务内容

为解决冬季寒冷的问题,现拟对门窗改造,将其更换为断桥铝门窗(图 5.2.1)。按照《建筑装饰装修工程质量验收标准》(GB 50210—2018)、《房屋建筑室内装饰装修制图标准》(JGJ/T 244—2011)的要求,编制相应施工流程并列出使用机具和主材种类名称。

● 实施条件

1. 老旧门窗拆除完毕,并已清理现场。

2. 按图纸尺寸弹好窗中线,并弹好+50 cm 水平线,校正窗洞口位置尺寸及标高是否符合设计图纸要求,如有问题应提前剔凿处理。

3. 检查门窗两侧连接铁脚位置与墙体预留孔洞位置是否吻合,如有问题应提前处理,并将预留孔洞内的杂物清理干净。

图 5.2.1　断桥铝门窗

4. 门窗的拆包检查:将窗框周围的包扎布拆去,按图纸要求核对型号,检查外观质量和表面的平整度,如发现有劈棱、窜角和翘曲不平、严重超标、严重损伤、外观色差大等缺陷时,应找有关人员协商解决,经修整鉴定合格后才可安装。

相关知识

一、断桥铝门窗认知

断桥铝门窗也称为隔热断桥铝合金门窗,其作用是阻止室内(外)热量向室外(内)流动。断桥铝叫断桥是因为铝型材(合金)中间加了个隔热条 PA66,即将铝型材(合金)从中间断开,采用隔热条将断开的铝合金连为一体,从而达到隔热保温的作用。

> **多学一点:**
> 断桥铝门窗热传导系数低,比普通门窗热量散失减少一半,降低取暖费用 30% 左右。使用断桥铝门窗无老化问题之忧、无气体污染之困扰。在建筑达到寿命周期后,门窗可以回收利用,不会为下一代产生环境污染。断桥铝门窗隔声量达 30 dB 以上,水密性、气密性良好,均达国家 A1 类窗标准。所以断桥铝门窗被确定为"绿色环保"产品。

断桥铝门窗材料的特点如表 5.2.1 所示。

表 5.2.1　断桥铝门窗材料的特点

特点	介绍	图片
降低热量传导	采用隔热断桥铝合金型材,其热传导系数为 $1.8 \sim 3.5\text{W}/(\text{m}^2 \cdot \text{K})$,大大低于普通铝合金型材的 $140 \sim 170\text{W}/(\text{m}^2 \cdot \text{K})$,有效降低了通过门窗传导的热量	

续表

特点	介绍	图片
防止冷凝	带有隔热条的型材内表面的温度与室内温度接近,降低了室内水分因过饱和而冷凝在型材表面的可能性	
节能	在冬季,带有隔热条的窗框能够减少1/3的通过窗框散失的热量;在夏季,如果是在有空调的情况下,带有隔热条的窗框能够更多地减少能量的损失	
保护环境	通过隔热系统的应用,能够减少能量的消耗,同时减少了由于空调和暖气产生的环境辐射	
降低噪声	采用厚度不同的中空玻璃结构和隔热断桥铝型材空腔结构,能够有效降低声波的共振效应,阻止声音的传递,可以降低噪声30dB 以上	
颜色多样	采用阳极氧化、粉末喷涂、氟碳喷涂表面处理后可以生产不同颜色的铝型材,经滚压组合后,使隔热铝合金门窗产生室内、室外不同颜色的双色窗户	

断桥铝门窗构造如图 5.2.2 所示。

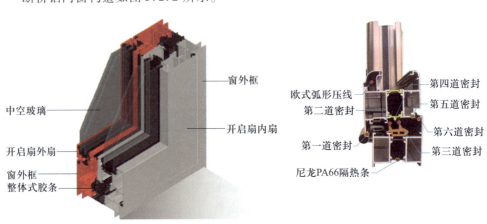

图 5.2.2　断桥铝门窗构造

二、选择装饰材料、机具

1. 材料准备

断桥铝门窗包括型材、五金件、玻璃、隔热条、密封胶条等,如表5.2.2所示。

表5.2.2　断桥铝门窗主要材料

材料	性能	图片
断桥铝型材	断桥铝门窗型材主要有穿条式和注胶式两种,其中穿条式是由两个隔热条将铝型材内外两部分连接起来形成的,从而阻止铝型材内外热量的传导,实现节能的目的。断桥铝有55、60系列,55系列是指断桥铝型材的宽度是5.5 cm,60系列比55系列的中间黑色的隔热条宽0.5 cm	
五金件	五金件在断桥铝门窗中扮演着非常关键的作用,五金件的好坏直接影响到断桥铝门窗的性能	
中空玻璃	选用原片是浮法的中空玻璃,厚度标准是5 mm。两片玻璃之间的铝隔条,厚度在12~15 mm,这要根据门窗型材规格设定。门窗中空玻璃面积大于1.5 m² 需钢化处理。市场上的玻璃有平法玻璃和浮法玻璃,其中以浮法玻璃较好。玻璃厚度不等,中空玻璃的规格要根据窗户型号来定	
隔热条	隔热条市场分为三个层次:一是进口尼龙隔热条(PA66GF);二是2003年开始生产的国产尼龙隔热条;三是国产PVC隔热条	
密封胶条	断桥铝密封胶条有三元乙丙胶条、TPV材质的胶条。分辨胶条真假:一看,二闻,三拉伸。正品胶条颜色纯黑,表面无凹凸点,密度好。正常的密封胶条有橡胶味,气味不刺鼻、不浓烈。正品密封胶条拉力大,有弹性,不易折	

2. 机具准备

(1)电动机具:铝合金切割机、手电钻、电焊机。

（2）手动工具：圆锉刀、半圆锉刀、十字螺丝刀、锤子、铁锹、抹子、水桶、水刷子等。

三、施工流程及要点

（一）施工流程

断桥铝窗施工流程：弹线定位→窗户洞口处理→防腐处理→就位与临时固定→固定→窗框与墙体间缝隙的处理→清理→安装五金配件→质量检验。

（二）施工要点

1. 弹线定位

根据设计图纸中（门）窗的安装位置、尺寸和标高（图5.2.3），依据（门）窗中线向两边量出（门）窗边线。若为多层或高层建筑时，以顶层窗边线为准，用线坠或经纬仪将窗边线下引，并在窗口处画线标记，对个别不直的口边应剔凿处理。

（门）窗的水平位置应以楼层室内+50 cm的水平线为准，向上反量出窗户标高，并弹线找直。

2. 窗户洞口处理及防腐处理

装窗户前，需复核洞口尺寸是否正确、是否横平竖直，不符合要求的洞口需要提前处理，如图5.2.4所示。

图5.2.3　测量尺寸

图5.2.4　窗口抹平

窗框两侧的防腐处理应按设计要求进行。如设计无要求时，可涂刷防腐材料，如橡胶型防腐涂料或聚丙烯树脂保护装饰膜，也可粘贴塑料薄膜进行保护，避免填缝水泥砂浆直接与铝合金（门）窗表面接触，产生化学反应，以腐蚀铝合金（门）窗；铝合金窗户安装时若用连接铁件固定，铁件应进行防腐处理，连接件最好选用不锈钢件。

3. 固定窗

（1）临时固定。根据画好的窗户定位线，安装窗框，并及时调整好（门）窗框的水平、垂直及对角线长度等符合质量标准，然后用木楔临时固定。

> 多学一点：
>
> 铝合金（门）窗装入洞口临时固定后，应检查四周边框和中间框架是否用规定的保护胶纸和塑料薄膜封贴包扎好，再进行（门）窗框与墙体之间缝隙的填嵌和洞口墙体表面装饰施工，以防止水泥砂浆、灰水、喷涂材料等污染损坏铝合金（门）窗表面。在室内外湿作业未完成前，不能破坏（门）窗表面的保护材料。

动画
断桥铝窗安装施工工艺

（2）窗户的固定。沿窗框外墙用冲击钻钻 $\phi6$ 钢筋孔（图 5.2.5），孔深 60 mm，并用 L 形 $\phi6$ 钢筋蘸 108 胶水泥浆，打入孔中，待水泥浆终凝后，再将铁脚与预埋钢筋焊牢。铁脚至窗角的距离不应大于 180 mm，铁脚间距应小于 600 mm。

当墙体上预埋有铁件时：第一种方法，可直接把铝合金（门）窗的铁脚直接与墙体上的预埋铁件焊牢，焊接处需做防锈处理；第二种方法，可用金属膨胀螺栓或塑料膨胀螺栓将铝合金（门）窗的铁脚固定到墙上；第三种方法，可用冲击钻在墙上打 80 mm 深、直径为 6 mm 的孔，用 L 形 80 mm×50 mm、直径为 6 mm 的钢筋，在长的一端蘸涂 108 胶水泥浆，然后打入孔中。待 108 胶水泥浆终凝后，再将铝合金（门）窗的铁脚与埋置的 6 mm 钢筋焊牢。

图 5.2.5　冲击钻钻孔

4. 处理缝隙

窗框与墙体间缝隙的处理：连接件固定完毕后，应做好隐蔽工程验收。窗框与墙体间缝隙填塞，应按设计要求处理。若设计无要求时，应采用矿棉条或聚氨酯 PV 发泡剂等软质保温材料填塞，窗框四周的缝隙需留 5～8 mm 深的槽口，用密封胶填嵌，严禁用水泥砂浆填塞。

> **想一想：**
> 窗框四周的缝隙为什么严禁直接用水泥砂浆填塞？

窗框两侧进行防腐处理后，可填嵌设计指定的保温材料和密封材料。待铝合金窗和窗台板安装后，将窗框四周的缝隙同时填嵌，填嵌时用力不应过大，防止窗框受力变形。若采用低碱性水泥堵缝时，应及时将水泥浮浆刷净，防止水泥固化后不好清理，并损坏表面的氧化膜。铝合金（门）窗在堵缝前，对与水泥砂浆接触面应涂刷防腐剂进行防腐处理。

5. 安装五金配件

门窗的五金配件安装工艺要求详见产品说明，要求安装牢固，使用灵活。

四、质量验收

1. 主控及一般项目验收

断桥铝门窗安装工程质量验收标准如表 5.2.3 所示。

表 5.2.3　断桥铝门窗安装工程质量验收标准

项目	项次	质量要求	检验方法
主控项目	1	断桥铝门窗的品种、类型、规格、尺寸、性能、开启方向、安装位置、连接方式及型材壁厚，均应符合设计要求；金属门窗的防腐处理及填嵌、密封处理应符合设计要求	观察；尺量检查；检查产品合格证书、性能检测报告、进场验收记录和复检报告；检查隐蔽工程验收记录

项目	项次	质量要求	检验方法
主控项目	2	断桥铝门窗框和副框的安装必须牢固;预埋件的数量、位置、埋设方式、与框的连接方式必须符合设计要求	手扳检查;检查隐蔽工程验收记录
	3	断桥铝门窗扇必须安装牢固,并应开关灵活、关闭严密,无倒翘;推拉门窗扇必须有防止脱落措施	观察;开启和关闭检查;手扳检查
	4	断桥铝门窗配件的型号、规格、数量应符合设计要求,安装应牢固,位置应正确,功能应满足使用要求	观察;开启和关闭检查;手扳检查
一般项目	5	断桥铝门窗表面应清洁、平整、光滑、色泽一致,无锈蚀;大面应无划痕、碰伤;涂膜或保护层应连续	观察检查
	6	断桥铝门窗的推拉门窗扇开关力≤100 N	用弹簧秤检查
	7	断桥铝门窗框与墙体之间的缝隙应填嵌饱满,并采用密封胶进行密封;密封胶表面应光滑、顺直,无裂纹	观察;轻敲门窗框检查;检查隐蔽工程验收记录
	8	断桥铝门窗扇的橡胶密封条或毛毡密封条应安装完好,不得有脱槽现象	观察;开启和关闭检查
	9	有排水孔的金属门窗,排水孔应畅通,位置和数量应符合设计要求	观察检查
	10	断桥铝门窗安装的允许偏差和检查方法应符合有关的要求	—

2. 允许偏差及检验方法

断桥铝门窗安装的允许偏差和检查方法如表5.2.4所示。

表5.2.4　断桥铝门窗安装的允许偏差和检查方法

项次	项目		允许偏差/mm	检查方法
1	门窗槽口宽度、高度	≤1 500 mm	1.5	用钢尺检查
		>1 500 mm	2.0	
2	门窗槽口对角线长度差	≤2 000 mm	3.0	用钢尺检查
		>2 000 mm	4.0	
3	门窗框的正面、侧面垂直度		2.5	用垂直检查尺检查
4	门窗横框的水平度		2.0	用1 m水平尺和塞尺检查
5	门窗横框的标高		5.0	用钢尺检查
6	门窗竖向偏离中心		5.0	用钢尺检查
7	双层门窗内外框间距		4.0	用钢尺检查
8	推拉门窗扇与框的搭接量		1.5	用钢直尺检查

任务拓展

● 课堂训练

1. 门窗的水平位置应以楼层室内_____ cm 的水平线为准,向上反量出标高,并弹线找直。

答案
课堂训练

2. 窗框两侧如设计无要求时,可涂刷_____如橡胶型防腐涂料或聚丙烯树脂保护装饰膜,也可粘贴塑料薄膜进行保护,避免填缝_____直接与铝合金门窗表面接触,产生化学反应;铝合金窗户安装时若用连接铁件固定,铁件应进行_____处理。

3. 窗框与墙体缝隙的处理:连接件固定完毕后,应做好_____验收。铝合金窗框与墙体间缝隙填塞应按设计要求处理。若设计无要求时,应采用矿棉条或聚氨酯PV 发泡剂等软质保温材料填塞,窗框四周的缝隙需留_____ mm 深的槽口,用密封胶填嵌。

● 学习思考

认真观察周围的门窗情况,门窗安装是否符合规范要求并确定检查方法。

任务 3　塑钢门窗构造与施工

任务目标

通过本任务的学习,达到以下目标:

课件
塑钢门窗构造与施工

1. 了解塑钢门窗主要材料、装饰构造,培养学生分析问题、解决问题的能力。
2. 掌握塑钢门窗的施工技术要点,培养学生遵守规范、标准的岗位责任意识。
3. 熟悉塑钢门窗质量验收标准,强化学生的工程质量意识。

任务描述

● 任务内容

某住宅门窗洞采用塑钢门窗安装,绘制塑钢门窗节点详图;列出使用机具和主材种类名称;编制施工流程,并进行质量验收。

● 实施条件

1. 门窗洞口质量检查。按设计要求检查门窗洞口的尺寸,若无具体的设计要求,一般应满足下列规定:门洞口宽度 = 门框宽+50 mm,门洞口高度 = 门框高+20 mm;窗洞口宽度 = 窗框宽+40 mm,窗洞口高度 = 窗框高+40 mm。

2. 门窗洞口尺寸的允许偏差值为:洞口表面平整度允许偏差 3 mm,洞口正、侧面垂直度允许偏差 3 mm,洞口对角线允许偏差 3 mm。

3. 检查洞口的位置、标高与设计要求是否符合,若不符合应立即进行改正。

4. 检查洞口内预埋木砖的位置和数量是否准确。

5. 按设计要求弹好门窗安装位置线,并根据需要准备好安装用的脚手架。

相关知识

一、认识塑钢门窗

塑钢门窗是以聚氯乙烯(UPVC)树脂或其他树脂为主要原料,以轻质碳酸钙为填料,添加适量助剂和改性剂,经挤压成型的各种截面的空腹塑料门窗异型材,在型材空腔内填加钢衬,再根据不同的品种规格选用不同截面异型材组装而成,装饰效果如图 5.3.1 所示。

图 5.3.1　塑钢门窗

塑钢门窗是目前最具有气密性、水密性、耐腐蚀性、隔热保温、隔声、耐低温、阻燃、电绝缘性、造型美观等优异综合性能的门窗制品。

塑钢门窗的种类很多,根据原材料的不同,塑钢门窗可以分为以聚氯乙烯树脂为主要原料的钙塑门窗(又称"U-PVC 门窗");以改性聚氯乙烯为主要原料的改性聚氯乙烯门窗(又称"改性 PVC门窗");以合成树脂为基料、以玻璃纤维及其制品为增强材料的玻璃钢门窗等。

塑钢门窗主要由玻璃、外框、密封条、膨胀螺栓等部件组成,如图 5.3.2 所示。

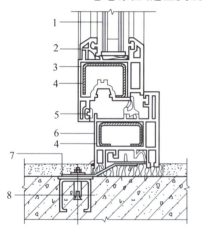

图 5.3.2　塑钢门窗构造

1—玻璃;2—玻璃压条;3—内扇;4—内钢衬;5—密封条;6—外框;7—地脚;8—膨胀螺栓

二、塑钢门窗材料及机具

(一)塑钢门窗常用材料

1. 塑钢门窗异型材

塑钢门用异型材可分为门框异型材、门扇异型材、增强异型材三类,如图 5.3.3 所示。门框异型材主要包括主门框异型材和门盖板异型材两个组成部分。主门框异型材断面上向外伸出部分的作用是遮盖门边。门盖板的作用则是遮盖门洞口的其余外露部分。

窗用异型材可分为窗框异型材、窗扇异型材和辅助异型材三类,如图 5.3.4 所示。

2. 塑钢门窗材料质量要求

(1)门窗塑料异型材及密封条。塑料门窗采用的塑料异型材、密封条等原材料,应符合现行的国家标准《塑料门窗及型材功能结构尺寸》和《塑料门窗用密封条》的有关规定。

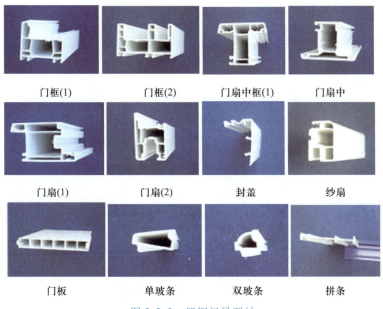

门框(1)　　门框(2)　　门扇中框(1)　　门扇中

门扇(1)　　门扇(2)　　封盖　　纱扇

门板　　单玻条　　双玻条　　拼条

图 5.3.3　塑钢门异型材

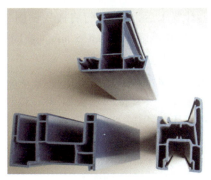

图 5.3.4　塑钢窗异型材

（2）塑钢门窗套配件。塑钢门窗采用的紧固件、五金件、增强型钢、金属衬板及固定片等，应符合以下要求：紧固件、五金件、增强型钢、金属衬板及固定片等，应进行表面防腐处理。五金件的型号、规格和性能，均应符合现行国家标准的有关规定；滑撑铰链不得使用铝合金材料。全防腐型塑钢门窗，应采用相应的防腐型五金件及紧固件。固定片的厚度≥1.5 mm，最小宽度≥15 mm，其材质应采用 Q235-A 冷轧钢板，其表面应进行镀锌处理。

（3）材料相容性。与聚氯乙烯型材直接接触的五金件、紧固件、密封条、玻璃垫块、嵌缝膏等材料，其性能与 PVC 塑料具有相容性。

（4）门窗洞口框墙间隙密封材料。门窗洞口框墙间隙密封材料一般常为嵌缝膏（建筑密封胶），并应具有良好的弹性和黏结性。

（二）选择机具

1. 电动机具

铝合金切割机、手电钻、电焊机。

2. 手动工具

圆锉刀、半圆锉刀、十字螺丝刀、锤子、铁锹、抹子、水桶、水刷子等。

动画
塑钢窗

三、施工流程及要点

（一）塑钢门窗施工流程

塑钢门窗施工流程:门窗洞口处理→找规矩→弹线→安装连接件→塑钢门窗安装→门窗四周嵌缝→安装五金配件→清理。

（二）塑钢门窗安装施工要点

1. 弹线

窗框加工的尺寸应比洞口尺寸略小,窗框与构造之间的间隙,不同的饰面材料有不同的处理方法。例如内外墙均是抹灰,因抹灰层的厚度普通都是 2 cm 左右,故而窗框的实际外缘尺寸每一侧便要小于 2 cm;饰面层是大理石、花岗石一类的板材,其镶贴结构厚度普通的是 5 cm 左右,所以窗框的外缘尺寸应比洞口尺寸每一侧小 5 cm 左右。总之,饰面层在与门窗框垂直相交处,其交接处应该是饰面层与窗框的边缘正好吻合。

2. 固定窗框

依照弹线位置,先将窗框暂时用木楔固定,检查立面垂直、左右间隙、上下位置等,符合设计要求后,再用射钉将镀锌锚固板固定在构造上。镀锌锚固板是塑钢窗框固定的连接件,其厚度为 1 mm、5 mm。锚固板的一端固定在窗框的外侧,另一端用射钉枪固定于基体上。

塑钢门窗框与墙体的连接固定方法,常见的有连接件法、直接固定法和假框法三种。连接件法及直接固定法如图 5.3.5 所示。连接件法:用一种专门制作的铁件将门窗框与墙体相连接,是我国目前运用较多的一种方法。

微课
窗台板工程质量检
验与检测

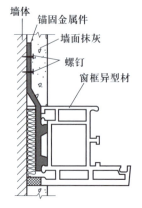

连接件法:先将塑钢门窗放入门窗洞口内,找平对中后用木楔临时固定。然后,将固定在门窗框型材靠墙一面的锚固金属件用螺钉或膨胀螺栓固定在墙上

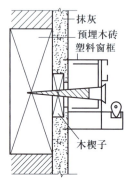

直接固定法:在砌筑墙体时,先将木砖预埋于门窗洞口设计位置处,当塑钢门窗安入洞口并定位后,用木螺钉直接穿过门窗框与预埋木砖进行连接,从而将门窗框直接固定于墙体上

图 5.3.5　连接件法及直接固定法

假框法:先在门窗洞口内安装一个与塑钢门窗框配套的镀锌铁皮金属框,或者当木门窗换成塑钢门窗时,将原来的木门窗框保留不动,待抹灰装饰完成后,再将塑钢门窗框直接固定在原来的框上,最后再用盖口条对接缝及边缘部分进行装饰。

3. 框与墙间缝隙的处理

由于塑料的膨胀系数较大,所以要求塑钢门窗与墙体间应留出一定宽度的缝隙,以适应塑料伸缩变形。框与墙间的缝隙宽度一般可取 10 ~ 20 mm。框与墙间的缝隙,将框的周围清扫干净后用泡沫塑料条填塞,填塞不宜过紧,以免框架发生变形。

> **想一想:**
> 框与墙间缝隙的密封处理应满足什么要求?

4. 安装窗扇

框装扇必须保证框扇立面在同一平面内,就位精确,启闭灵敏,如图 5.3.6a 所示。推拉窗的窗扇组装:推拉窗的窗扇装配后要在上下滑道内滑动,在下横档的底槽中装置滑轮(图 5.3.6b),每条下横档的两端各装一只滑轮,用滑轮配套螺钉将滑轮固定于窗扇的下横档内。

平开窗窗扇装置前,先固定窗铰,
然后再将窗铰与窗扇固定

(a)

滑轮放在下横档一端的底槽中,有可调
螺钉的一面向外,与下横档端头边平齐,在
下横档底槽板上画线定位,打φ4的螺孔两个

(b)

图 5.3.6　安装窗扇

5. 安装玻璃

单块玻璃尺寸较大,可用玻璃吸盘移动。玻璃就位后,及时用橡胶条固定,如图 5.3.7 所示。较大面积的窗扇玻璃,特别是落地窗玻璃的下部应加垫氯丁橡胶垫块,不可将脆性玻璃直接坐落于硬性金属上面,橡胶垫块厚 3 mm 左右。玻璃的侧边及上部均应脱开金属面一定间隔,以防止因玻璃胀缩而使型材变形。

图 5.3.7　固定玻璃

任务拓展

● 课堂训练

1. 门窗洞口质量检查。按设计要求检查门窗洞口的尺寸,若无具体的设计要求,一般应满足下列规定:门洞口宽度 = 门框宽 + _____ mm,门洞口高度 = 门框高 + _____ mm;窗洞口宽度 = 窗框宽 + _____ mm,窗洞口高度 = 窗框高 + _____ mm。

2. 塑钢门用异型材可分为 _____ 异型材、_____ 异型材、_____ 异型材三类。

3. 塑钢门窗框与墙体的连接固定方法,常见的有 _____ 法、_____ 法和 _____ 法三种。

4. 较大面积的窗扇玻璃,特别是落地窗玻璃的下部应加垫 _____ 垫块,不可将脆性玻璃直接坐落于硬性金属上面,橡胶垫块厚 3 mm 左右。玻璃的侧边及上部均应脱开金属面一定间隔,以防止因玻璃 _____ 而使型材变形。

● 学习思考

塑钢门窗与断桥铝门窗在构造及施工要点上主要有哪些区别?

答案
课堂训练

任务 4　特种门构造与施工

任务目标

课件
特种门窗构造与
施工

通过本任务的学习,达到以下目标:

1. 掌握特种门窗的主要材料及装饰构造。

2. 掌握特种门窗的施工技术要点,培养学生遵守规范、标准的岗位责任意识。

3. 熟悉特种门窗质量验收标准,强化学生的工程质量意识。

任务描述

● 任务内容

特种门包括防火门、卷帘门、全玻璃门等(图 5.4.1)。特种门不仅具有普通门的作用,还在制作材料、使用功能、开启方式或驱动方式等方面具有独特性,因而各种特种门的构造方式、施工工艺也不同于普通门。请描述全玻璃门及卷帘门的构造及施工要点。

● 实施条件

1. 土建施工已完毕,门洞必须水平、垂直,墙体平整,尺寸准确。

2. 明确特种门开启方向和安装形式。

3. 安装地坪基准线应明确、清晰。

(a) 防火门

(b) 卷帘门

(c) 全玻璃门

图 5.4.1　特种门窗

相关知识

一、认识全玻璃门构造

在现代装饰工程中,采用全玻璃门装饰的施工日益普及。全玻璃门具有整体感强、光亮明快、采光性能优越等特点,用于主入口或外立面为落地玻璃幕墙的建筑中,更增强室内外的通透感和玻璃饰面的整体效果,因而广泛用于高级宾馆、影剧院、展览馆、银行、大型商场等。

全玻璃门由固定玻璃和活动玻璃门扇两部分组成。固定玻璃与活动玻璃门扇的连接方法有两种:一是直接用玻璃门夹进行连接,其造型简洁,构造简单;另一种是通过横框或小门框连接。全玻璃门示意图和全玻璃门构造如图 5.4.2、图 5.4.3 所示。

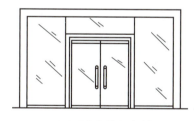
(a) 有小门框的全玻璃门

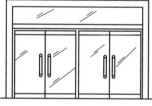
(b) 有横框的全玻璃门

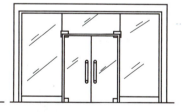
(c) 采用门夹连接的全玻璃门

图 5.4.2　全玻璃门示意图

二、施工流程及要点

(一) 全玻璃门施工流程

全玻璃无框地弹门的施工流程:定位放线→安装门框顶限位槽→安装竖向边框及中横框、小门框→安装木底托→安装固定玻璃→注玻璃胶封口→安装门底地弹簧和门顶枢轴→玻璃门扇安装上、下门夹→门扇安装→安装拉手。

(二) 全玻璃门施工要点

1. 固定玻璃部分的安装

(1) 定位放线。根据施工图设计要求,弹出全玻璃门的安装位置中心线及固定玻璃部分、活动门扇的位置线。

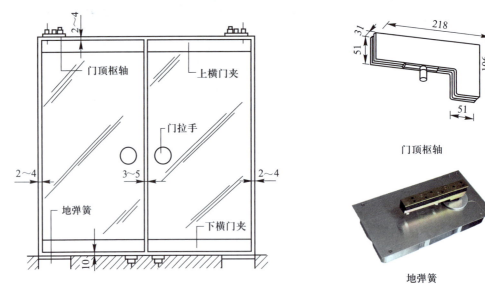

图 5.4.3　全玻璃门构造

（2）安装门框顶部限位槽（图 5.4.4）。限位槽的宽度应大于玻璃厚度 2～4 mm，槽深为 10～20 mm。

（3）安装竖向边框及中横框、小门框。按弹好的中心线和门框边线，钉立竖框方木。竖框方木上部抵顶部限位槽方木，下埋入地面 30～40 mm，并与墙体预埋木砖钉接牢固。

（4）装木底托（图 5.4.5）。按放线位置，先将木方固定在地面上，木方两端抵住门洞口竖向边框，用钢钉将木方直接钉在地面上。

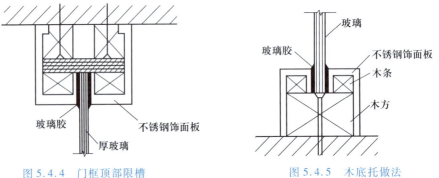

图 5.4.4　门框顶部限槽　　　　　图 5.4.5　木底托做法

（5）裁割玻璃。厚玻璃的安装尺寸，应从安装位置的底部、中部、顶部进行测量，选择最小尺寸为玻璃板宽度的裁割尺寸；如上、中、下测量尺寸相等，玻璃板的宽度裁割尺寸应为实测尺寸减去 3～5 mm。玻璃裁割后，应在其周边作倒角处理。

想一想：
　裁割玻璃时，为什么玻璃板的宽度裁割尺寸应为实测尺寸减去 3～5 mm？

（6）安装玻璃。用玻璃吸盘机把裁割好的厚玻璃吸住提起，移至安装位置，先将玻璃上部插入门框顶部的限位槽，随后玻璃板的下部放到底托上。

（7）玻璃固定。在底托木方上钉两根方木条，把厚玻璃夹在中间，方木条距厚玻璃面3～4 mm，注意缝宽及槽深应与门框顶部一致。然后，在方木条上涂刷万能胶，将压制成型的不锈钢饰面板粘固在方木上。

（8）注玻璃胶封口。在玻璃准确就位后，在顶部限位槽处和底托固定处，以及玻璃板与框柱的对缝处，均注入玻璃密封胶。

2. 玻璃活动门扇的安装

玻璃活动门扇的启闭由地弹簧控制。地弹簧同时又与门扇的上部、下部金属横档进行铰接，如图5.4.6所示。

（1）安装门顶枢轴、地弹簧。先安装门顶枢轴，轴心通常固定在距门边框70～73 mm；然后从轴心向下吊线，画出地弹簧位置线，凿槽安装地弹簧，安装时确保地弹簧转轴与门顶枢轴的轴心在同一垂直线上。地弹簧位置和水平度符合要求后，用水泥砂浆灌缝抹平即可。

（2）安装门夹、横档。金属门夹的构造如图5.4.7所示，玻璃门扇与横档固定方式如图5.4.8所示。

图5.4.6 活动门扇构造

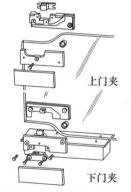

上下门夹分别装在玻璃门扇上、下两端

图5.4.7 金属门夹的构造

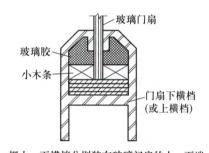

把上、下横档分别装在玻璃门扇的上、下端

图5.4.8 玻璃门扇与横档固定方式

（3）玻璃门扇安装（图5.4.9）。将门框横梁上的定位销螺钉调出横梁平面1～2 mm，再将玻璃门扇竖起来，把门扇下横档内的转动销连接件的孔位对准地弹簧的转动销轴，并转动门扇将孔位套在销轴上。门扇转动90°使之与门框横梁成直角，把门扇上横档中的转动连接件的孔对准门框横梁上的定位销，将定位销插入孔内15 mm左右。

（4）门把手安装。门把手的安装如图5.4.10所示。

做一做：
　　找一找身边的全玻璃门，说出其主要构造部分。

（三）卷帘门的安装施工

1. 卷帘门的类型

根据传动方式的不同，卷帘门可分为电动卷帘门、手动卷帘门、遥控电动卷帘门和

阅读
防火门施工要点

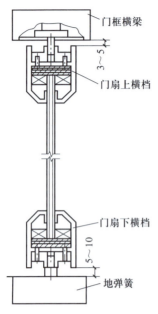

图 5.4.9　玻璃门扇安装

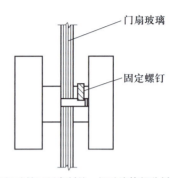

门把手是工厂定制的,把手连接部分插入门扇
玻璃预留孔洞并拧紧固定螺钉即可

图 5.4.10　门把手安装

电动手动卷帘门;卷帘门按材质不同有铝合金面板、钢质面板、钢筋网格和钢直管网四种;按开启方式分为手动卷帘门和电动卷帘门两种类型,如图 5.4.11 所示。

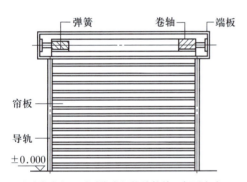

(a) 手动卷帘门。手动卷帘门构造简单,每平方米造价比电动卷帘门和防火卷帘门低,适用于商业建筑和民用建筑大门、橱窗及车库等

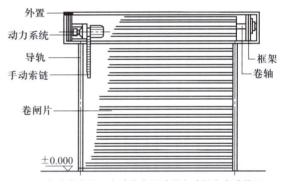

(b) 电动卷帘门。电动卷帘门采用电动机和变速装置作为卷帘门开启和关闭的动力,还配备专供停电用的手动铰链,适用于启闭力较大的大型卷帘门

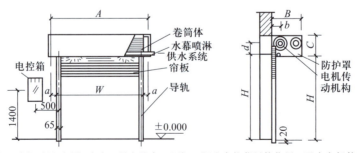

(c) 防火卷帘门。帘板采用重型钢卷帘,具有防火、隔烟、阻止火势蔓延的作用,又有良好的抗风压和气密性能。电动卷帘门与烟感、报警系统配合使用,更能发挥自动、及时等特殊作用。当发生火灾时,可自动关闭或由监控室遥控卷帘

图 5.4.11　卷帘门类型

根据外形的不同,卷帘门又可分为全鳞网状卷帘门、真管横格卷帘门、帘板卷帘门和压花帘卷帘门四种。

> **想一想:**
>
> 观察图 5.4.12 卷帘门类型,说出三种卷帘门分别属于哪种类型?
>
>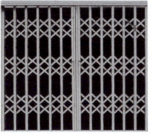
>
> 图 5.4.12　卷帘门的类型

2. 卷帘门的安装施工要点

(1) 安装施工流程

手动卷帘门的安装施工流程:定位放线→安装导轨→安装卷筒→安装手动机构→帘板与卷筒连接→试运转→安装防护罩。

电动卷帘门的安装施工流程:定位放线→安装导轨→安装卷筒→安装电动机、减速器→安装电气控制系统→空载试车→帘板与卷筒连接→试运转→安装防护罩。

(2) 安装施工技术要点

① 定位放线。根据设计要求,在门洞口处弹出两侧导轨垂直线及卷筒中心线,并测量洞口标高。

② 预埋铁件。定位放线后,应按要求埋入预埋铁件。

③ 安装导轨。按放线位置安装导轨,应先找直、吊正轨道,轨道槽口尺寸应准确,上下保持一致,对应槽口应在同一平面内,然后将连接件与洞口处的预埋铁件焊接牢固。

④ 安装卷筒。安装卷筒时,应使卷轴保持水平,并与导轨的间距应两端保持一致。卷筒临时固定后应进行检查,调整、校正合格后,与支架预埋铁件焊接牢固。

⑤ 帘板安装。将帘板安装在卷筒上,帘板叶片插入轨道不得少于 30 mm,以 40 ~ 50 mm 为宜。门帘板有正反,安装时要注意,不得装反。

⑥ 试运转。电动卷帘门安装后,应先手动试运行,再用电动机启闭数次,调整至无卡住、阻滞及异常噪声等现象出现为合格。

⑦ 安装卷筒防护罩。卷筒上的防护罩可做成方形或半圆形,一般由产品供应方提供。

⑧ 锁具安装。锁具安装位置有两种,轻型卷帘门的锁具应安装在座板上,门锁具也可安装在距地面约 1 m 处。

阅读
旋转门构造与施工
要点

三、质量验收

1. 特种门工程质量验收标准

特种门工程质量验收标准如表 5.4.1 所示。

表 5.4.1　特种门工程质量验收标准

项目	项次	质量要求	检验方法
主控项目	1	特种门的质量和各项性能应符合设计要求	检查生产许可证、产品合格证书和性能检测报告
	2	特种门的品种、类型、规格、尺寸、开启方向、安装位置及防腐处理应符合设计要求	观察；尺量检查；检查进场验收记录和隐蔽工程验收记录
	3	带有机械装置、自动装置或智能化装置的特种门，其机械装置、自动装置或智能化装置的功能应符合设计要求和有关标准的规定	启动机械装置、自动装置或智能化装置，观察
	4	特种门的安装必须牢固，预埋件的数量、位置、埋设方式、与框的连接方式必须符合设计要求	观察；手扳检查；检查隐蔽工程验收记录
	5	特种门的配件应齐全，位置应正确，安装应牢固，功能应满足使用要求和各项性能要求	观察；手扳检查；检查产品合格证书、性能检测报告和进场验收记录
一般项目	6	特种门的表面装饰应符合设计要求	观察
	7	特种门的表面应洁净，无划痕、碰伤	观察

2. 允许偏差及检验方法

以金属旋转门为例，其允许偏差和检验方法如表 5.4.2 所示。

表 5.4.2　金属旋转门安装的允许偏差和检验方法

项次	项目	允许偏差/mm	检验方法
1	门扇的正、侧面垂直度	1.5	用 1 m 垂直检测尺检查
2	门扇对角线长度差	1.5	用钢尺检查
3	相邻扇高度差	1	用钢尺检查
4	扇与圆弧边留缝	1.5	用塞尺检查
5	扇与上顶间留缝	2	用塞尺检查
6	扇与地面间留缝	2	用塞尺检查

答案
课堂训练

任务拓展

● 课堂训练

1. 全玻璃门由_____和_____两部分组成,其连接方法有两种:一是直接用_____进行连接,构造简单;另一种是通过_____连接。

2. 门框顶部限位槽的宽度应大于玻璃厚度_____ mm,槽深为_____ mm。

3. 玻璃活动门扇的启闭由＿＿＿＿＿＿控制。

4. 帘板安装在卷筒上,帘板叶片插入轨道不得少于＿＿＿＿＿＿ mm。门帘板有正反,安装时要注意,不得装反,门锁具可安装在距地面约＿＿＿＿＿＿ m 处。

● 学习思考

找一找周围有哪些特种门,安装工程质量是否符合要求。

项目六

楼地面装饰工程构造与施工

楼地面装饰工程项目概况

> 想一想:
>
> 生活中你见过哪些地面类型?

一、定义

楼地面装饰包括楼面装饰和地面装饰两部分,两者的主要区别是其饰面承托层不同。

楼面装饰面层的承托层是架空的楼面结构层,地面装饰面层的承托层是室内回填土。

二、构造层次

楼面饰面要注意防渗漏问题,地面饰面要注意防潮问题,楼面、地面的组成分为基层、垫层、面层三部分。

1. 基层

基层的作用是承担其上面的全部荷载,它是楼地面的基体。地面基层多为素土或加入石灰、碎砖的夯实土,楼面的基层一般是现浇或预制钢筋混凝土楼板。

2. 垫层

垫层位于基层之上,其作用是将上部的各种荷载均匀地传给基层,同时还起着隔声和找平作用。垫层按材料性质的不同,分为刚性垫层和非刚性垫层两种。可增设填充层、隔离层、找平层、结合层等其他构造层。

3. 面层

面层是楼地面的表层,即装饰层,它直接受外界各种因素的作用。楼地面的名称通常以面层所用的材料来命名,如水泥砂浆楼地面、塑料楼地面等。根据使用要求不同,对面层的要求也不相同。按工程做法和面层材料不同楼地面可分为整体铺设楼地面、块板铺贴楼地面、木(竹)铺装楼地面、卷材铺设楼地面以及涂料涂布楼地面等。

三、分类

楼地面按照面层材料和构造形式不同可分为:整体楼地面、石材楼地面、陶瓷地砖楼地面、塑料地板楼地面、木地板楼地面、活动地板楼地面和地毯楼地面,如表 6.0.1 所示。

表 6.0.1　楼地面分类

分类	介绍	形式
整体楼地面	整体楼地面的形式包括水泥砂浆地面、细石混凝土地面、现浇水磨石楼地面等	
石材楼地面	石材作为一种高档建筑装饰材料广泛应用于室内外装饰设计、幕墙装饰和公共设施建设。目前,市场上常见的石材主要分为天然石和人造石。天然石材按物理化学特性品质分为板岩和花岗岩。人造石按工序分为水磨石和合成石	
陶瓷地砖楼地面	陶瓷砖是由黏土和其他无机非金属原料,经成型、烧结等工艺生产的板状或块状陶瓷制品,用于装饰与保护建筑物、构筑物的墙面和地面。通常在室温下通过干压、挤压或其他成型方法成型,然后干燥,在一定温度下烧成	
塑料地板楼地面	塑料地板,即用塑料材料铺设的地板。塑料地板按其使用状态可分为块材(或地板砖)和卷材(或地板革)两种。按其材质可分为硬质、半硬质和软质(弹性)三种。按其基本原料可分为聚氯乙烯(PVC)塑料、聚乙烯(PE)塑料和聚丙烯(PP)塑料等数种	

续表

分类	介绍	形式
木地板楼地面	木地板是指用木材制成的地板,中国生产的木地板主要分为实木地板、强化木地板、实木复合地板、多层复合地板、木塑地板、塑木地板、竹材地板和软木地板八大类	
活动地板楼地面	活动地板,也称装配式地板,被我国广泛用于计算机技术设施中。它是由各种规格型号和材质的面板块、桁条、可调支架等组合拼装而成	
地毯楼地面	地毯是以棉、麻、毛、丝、草等天然纤维或化学合成纤维类原料,经手工或机械工艺进行编结、裁绒或纺织而成的地面铺敷物。覆盖于住宅、宾馆、体育馆、展览厅、车辆、船舶、飞机等的地面,有减少噪声、隔热和装饰效果	

装修讲堂

"砖"说学问

　　中国在春秋战国时期已陆续创制了方形砖和长形砖,秦汉时期制砖的技术和生产规模、质量和花式品种都有显著发展,称为"秦砖汉瓦"。古时为抵御外敌,修筑城墙就成为必要的手段,这便需要大量的砖,古城墙所用的砖为青砖。青砖是黏土烧制的,将黏土用水调和后制成砖坯,放在砖窑中煅烧便制成砖。由于青砖烧制不易、产量不高,所以青砖比红砖价格要贵许多。红砖建造的房子使用寿命可能不超过100年,而青砖建造的房子却可以存在上百年甚至上千年。

　　值得一提的是,有些古城墙砖上印有烧制城墙砖工匠的名字,这样验收时就能看出窑砖是哪些人制作的、质量如何。这一现象始于明代,在清代盛行,在制度上确保了城墙砖的质量。

　　制砖的工艺考究、复杂,不仅需要多道工序,制砖的工匠也需具备深厚的"功力"。在制作过程中,哪怕缩减了一道工序,质量就会下降很多。

　　一块块看似不起眼的砖,它们的"诞生"却要下一番功夫,这不能不说是一种"匠人"精神。"匠"是一门手艺,更是一种对于"心"的历练,而"匠人"则是拥有这门手艺的人,透过双手不断地锤炼、磨砺,达到对技艺和品质的至高追求。

任务 1　水泥自流平地面构造与施工

任务目标

通过本任务的学习,达到以下目标:

1. 掌握水泥自流平地面的主要材料及装饰构造。

2. 理解水泥自流平地面的施工技术要点,培养学生精益求精的工匠精神。

3. 熟悉水泥自流平地面质量验收标准,树立法治意识及工程质量意识。

任务描述

● 任务内容

某室内篮球馆地面需要铺装塑胶地面,首先要对地面进行找平,施工方法是采用水泥砂浆自流平楼地面(图 6.1.1)。水泥自流平地面与踢脚板、沉降缝等重要部位,要求完成节点详图;编制相应施工流程,并进行质量验收。

图 6.1.1　水泥自流平地面

● 实施条件

1. 检查地面湿度,确认地面干燥;检查地面平整度,确认地面平整;检查地面硬度,地面应无裂缝。

2. 彻底清扫地面,清除地面各种污物,如油漆、油污及涂料等。

3. 彻底吸净灰尘。

相关知识

一、水泥自流平地面构造

水泥自流平整体式地面构造比较简单,主要包括基面、界面剂、水泥基自流平,如图 6.1.2 所示。水泥自流平地面与踢脚板部位、地面沉降缝做法属于施工中重要部位,其中地面与踢脚板做法如图 6.1.3 所示,沉降缝做法如图 6.1.4 所示。

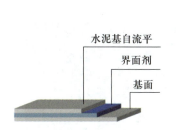

图 6.1.2 自流平地面构造

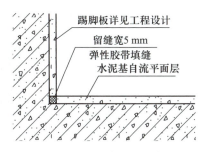

图 6.1.3 地面与踢脚板做法

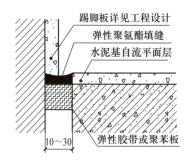

图 6.1.4 沉降缝做法

> **想一想:**
>
> 认真查看图 6.1.3 地面与踢脚板做法,靠墙部位的缝隙填充水泥砂浆是否可以? 为什么填充聚氨酯?

二、选择装饰材料、机具

1. 选择材料

(1)界面剂:一般都是由醋酸乙烯制成,其具有超强的黏结力,优良的耐水性、耐老化性。提高水泥自流平对基层的黏结强度可有效避免自流平层空鼓、脱落、收缩开裂等问题。

(2)自流平水泥:由多种活性成分组成的干混型粉状材料,现场拌水即可使用。稍经刮刀展开,即可获得高平整基面。特点是硬化速度快、施工快捷、安全、无污染、美观、快速施工与投入使用。

2. 选择机具

(1)机械工具:砂浆搅拌机、洗地机、真空吸尘器、电动切割机。

(2)检测工具:水准仪、流动度测试仪。

(3)辅助机具:水管、电线电缆、照明灯、底涂辊刷、软刷、量水筒、无齿刮板、自流平专用刮板、抹子、铲刀。

三、施工流程及要点

(一)施工流程

基层检查及处理→抄平设置控制点→设置分段条→涂刷界面剂→自流平水泥施工→地面养护→切缝、打胶→地面验收

 动画
水泥自流平地面施工工艺

> **多学一点:**
>
> 水泥自流平并不可以直接当作表面材料使用,因为:
>
> 1. 水泥自流平表面有许多微孔,易吸水,未经封闭清洁时吸水后被污染。
>
> 2. 质地比较软,表面会被磨出粉尘。

（二）施工要点

1. 基层检查及处理

基层要求：基层表面应无起砂、空鼓、起壳、脱皮、疏松、麻面、油脂、灰尘、裂纹等缺陷，表面干燥度（图6.1.5）、平整度应符合要求。

（1）用清洁剂去除基层上的油脂、蜡及其他污染物，必要时用洗地机对地面进行清洗，将尘土、不结实的混凝土表层、油脂、水泥浆或腻子及可能影响黏结强度的杂质清理干净。

（2）对基层的蜂窝、孔洞等采用专用修补砂浆进行修补；大面积空鼓应彻底剔除，重新施工；局部空鼓应采取灌浆或其他方法处理；基层裂缝应采取专项材料灌注、找平、密封，如图6.1.6所示。

图6.1.5　检测地面含水率

(a) 清除砂浆及浮土

(b) 地面裂缝位置，用玻璃丝布黏结

图6.1.6　基层处理

（3）基层必须坚固、密实，混凝土抗压强度不低于20 MPa，水泥砂浆抗压强度不低于15 MPa。有防水防潮要求的地面应预先在基层以下完成此项施工。

（4）伸缩缝处理：清理伸缩缝，向伸缩缝内注入发泡胶或其他弹性材料，胶表面低于伸缩缝表面约20 mm，然后涂刷界面剂，干燥后用拌好的自流平砂浆抹平堵严，如图6.1.7所示。

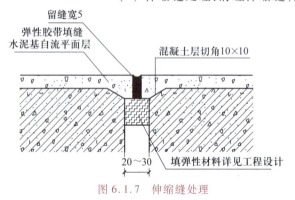

留缝宽5
弹性胶带填缝
水泥基自流平面层
混凝土层切角10×10
20～30　填弹性材料详见工程设计

图6.1.7　伸缩缝处理

2. 设置控制点及分段条

抄平设置控制点（图6.1.8a）：架设水准仪对施工地面抄平，检测其平整度，地面控制点设置为1 m。

设置分段条（图6.1.8b）：在每次施工分界处先弹线，然后粘贴双面胶黏条。对于伸缩缝处粘贴宽的海绵条，为防止错位，后面可用木方或方钢顶住。

3. 涂刷界面剂

按照界面剂使用说明要求，用软刷子均匀地涂刷在基层上，不得让其形成局部积液（图6.1.9）；对于干燥、吸水能力强的基底要处理两遍，而且要确保界面剂完全干燥、无积存后，方可进行下一步工序的施工。

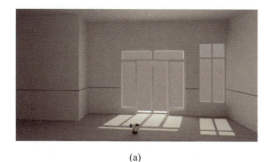
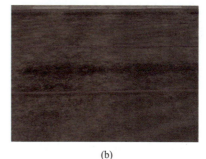

(a)　　　　　　　　　　　　　　　　(b)

图 6.1.8　控制点及分段条

4. 自流平地面施工

（1）提前划分好区域，以保证一次性连续浇注完整个区，如图 6.1.10 所示。

图 6.1.9　涂刷界面剂

图 6.1.10　施工段划分

（2）在干净的搅拌桶内倒入适量清水，开动电动搅拌器，慢慢加入整包自流平材料，持续均匀地搅拌 3～5 min，使之形成稠度均匀、无结块的流态浆体，静置 2～3 min，使自流平材料充分润湿、熟化，排除气泡后，再搅拌 2～3 min，使料浆成为均匀的糊状，并检查浆体的流动性能。

（3）将搅拌好的流态自流平材料在可施工时间内倾倒于基面上，任其像水一样流平开，如图 6.1.11 所示。应倾倒成条状，并确保现浇条与上一条能流态地融合在一起。

（4）浇注的条状自流平材料应达到设计厚度，若是小于 4 mm，则要用自流平专用刮板批刮，辅助流平。应连续浇注，两次浇注的间隔最好在 10 min 以内，以免接槎难于消除。

图 6.1.11　流态自流平材料

（5）料浆摊铺后，用带齿的刮板将料浆摊开并控制合适的厚度，静置 3～5 min，让里面包裹的气泡排出，再用消泡滚筒进行放气，以帮助浆料流动并清除所产生的气泡，达到良好的接槎效果。自流平初凝前，须穿钉鞋走入自流平地面，迅速用消泡滚筒滚轧浇注过的地面，排出搅拌时带入的空气，避免气泡、麻面及条与条之间的接口高差。

5. 地面养护

完成施工地面只需在施工条件下进行自然养护，做好成品的保护。养护期间应避免阳光直射、强风气流等,一般 8~10 h 后即可上人行走,24 h 后即可进行其他作业,如铺设其他地面材料。

想一想:

养护期间如果有阳光直射、强风气流情况,会造成什么问题?

6. 切缝、打胶

(1) 自流平地面施工完成 3~4 d 后,即可在自流平地面上弹出地面分格线,分格线宜与自流平下垫层伸缩缝重合,从而避免垫层伸缩导致地面开裂;弹出的分格线应平直、清晰。

(2) 分格线弹好后用手提电动切割机对自流平地面切缝(图 6.1.12),切缝宽度以宽 3 mm、深 10 mm 为宜。

(3) 切缝用吸尘器清理干净后,然用胶枪沿缝填满具有弹性的结构密封胶,最后用扁铲刮平即可。

四、质量验收

(1) 自流平面层的铺涂材料应符合设计要求和国家现行有关标准的规定。

(2) 自流平面层的涂料进入施工现场时,应有以下有害物质限量合格的检测报

图 6.1.12 切缝

告:水性涂料中的挥发性有机化合物(VOC)和游离甲醛;溶剂型涂料中的苯、甲苯+二甲苯、挥发性有机化合物(VOC)和游离甲苯二异氰酸酯(TDI)。

(3) 自流平面层的强度等级应不小于 C20,并检查强度等级检测报告。

(4) 自流平面层的各构造层之间应黏结牢固,层与层之间不应出现分类、空鼓现象,可用小锤轻击检查。

(5) 自流平面层的表面不应有开裂、漏涂和倒泛水、积水等现象。

(6) 自流平面层应分层施工,面层找平施工时不应留有抹痕。

(7) 自流平面层表面应光洁,色泽应均匀一致,不应有起泡、泛砂等现象。

任务拓展

● 课堂训练

1. 水泥自流平整体式地面构造比较简单,主要包括_____、_____、_____。

2. 对基层的蜂窝、孔洞等采用专用修补砂浆进行修补;大面积空鼓应_____;局部空鼓应采取_____或其他方法处理;基层裂缝应采取_____灌注、找平、密封。

3. 自流平地面施工完成约_____ d 后,即可在自流平地面上弹出地面分格线,分格线宜与自流平下垫层伸缩缝_____,从而避免垫层伸缩导致_____;

答案
课堂训练

弹出的分格线应平直、清晰。

4. 完成施工地面只需在施工条件下进行_____养护,做好成品的保护。养护期间应避免阳光直射、强风气流等,一般_____h后即可上人行走。

● **学习思考**

结合知识导入,通过小组讨论方式,分析水泥自流平地面作为基层构造可以适用于哪种类型地面?

任务 2 陶瓷地砖地面构造与施工[①]

任务目标

通过本任务的学习,达到以下目标:

1. 了解陶瓷地砖相关材料及发展趋势,培养学生探索未知、勇攀高峰的责任感和使命感。

2. 掌握陶瓷地砖地面装饰构造及施工技术要点,培养学生遵守规范及标准的岗位责任意识。

3. 熟悉陶瓷地砖地面质量验收,强化学生的工程质量意识。

课件
陶瓷地砖地面构造
与施工

任务描述

● **任务内容**

为满足室内地面装饰、清洁等要求,客厅地面用水泥砂浆铺贴陶瓷地砖,铺贴陶瓷地砖前后对比如图 6.2.1 所示,介绍陶瓷地砖地面构造,编制施工流程并进行质量验收。

(a) 地砖铺贴前

(b) 地砖铺贴后

图 6.2.1 铺贴陶瓷地砖前后对比

---

① 如无特别需要,本书后文不再对楼面、地面加以区别,统称为地面。

● **实施条件**

1. 地面的管线施工完成且验收合格；有防水要求的房间应完成地面防水及防水保护层施工，并闭水试验合格。

2. 墙面粉刷已完成，内墙和房间的+50 cm标高控制线弹好并校核无误。

相关知识

一、认识陶瓷地砖地面构造

地砖是居室或公共场所地面瓷砖的总称，主要应用于家装或公装中。地砖是使用最为重要、基本的材料，适宜铺装在刚性及整体性较好的水泥砂浆找平层上。陶瓷地砖地面的特点是外观整洁大气、坚硬耐磨、耐酸碱、耐潮湿、色彩丰富。

陶瓷地砖地面构造主要包括基层（楼板层或垫层）、找平层、黏结层、面层，如图6.2.2所示。构造做法主要包括：找平层，1：3水泥砂浆或者细石混凝土，最薄处的厚度为20 mm，抹平；结合层，30 mm厚1：3干硬性水泥砂浆，表面撒水泥粉；面层，5 mm厚陶瓷地砖铺实拍平，干水泥擦缝。

微课
块材式楼地面构造与施工知识

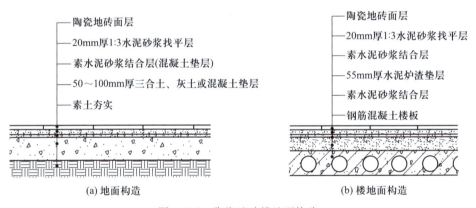

(a) 地面构造

陶瓷地砖面层
20mm厚1:3水泥砂浆找平层
素水泥砂浆结合层(混凝土垫层)
50～100mm厚三合土、灰土或混凝土垫层
素土夯实

(b) 楼地面构造

陶瓷地砖面层
20mm厚1:3水泥砂浆找平层
素水泥砂浆结合层
55mm厚水泥炉渣垫层
素水泥砂浆结合层
钢筋混凝土楼板

图6.2.2　陶瓷地砖楼地面构造

做一做：
　　认真观察图6.2.3所示陶瓷地砖地面构造，画出其构造做法。

水泥砂浆
干硬性水泥砂浆

图6.2.3　陶瓷地砖地面构造

二、选择装饰材料、机具

1. 选择装饰材料

根据陶瓷地砖地面构造做法，用到的主要材料有陶瓷地砖、水泥、中砂、粗砂等，如表6.2.1所示。

2. 选择机具

（1）电动机具：地砖切割机、无齿锯。

表 6.2.1　陶瓷地砖地面主要材料

名称	性能	形式
陶瓷地砖	瓷砖,是以耐火的金属氧化物及半金属氧化物,经研磨、混合、压制、施釉、烧结过程,而形成的一种耐酸碱的瓷质或石质建筑或装饰材料,其原材料多由黏土、石英砂等混合而成,主要包括抛光砖、玻化砖、釉面砖,规格主要有 600× 600、800×800、300×300、330×330、1 000× 1 000 等	
水泥	地砖铺贴时,采用强度等级不小于 42.5 级普通硅酸盐水泥或矿渣硅酸盐水泥。注意,保质期及等级不同的水泥严禁混用	
砂	采用中、粗混合砂,含泥量不大于 3%,要过 5 mm 孔径的筛子	

（2）手动工具:木抹子、铁抹子、筛子、钢卷尺、喷壶、墨斗、锤子、橡胶锤、小水桶、扫帚、平锹、凿子、方尺、开刀。

> **想一想:**
> 　陶瓷地砖在铺贴时,砂子是否越细越好,为什么?

三、施工流程及要点

（一）施工流程
基层处理→弹线→瓷砖浸水湿润→抹找平层砂浆→弹铺砖控制线→铺砖→勾缝擦缝→养护→安装踢脚板→分项验收

（二）施工要点
1. 基层处理

将楼地面上的砂浆污物、浮灰、油渍等清理干净并冲洗晾干,混凝土地面应凿毛或拉毛,如图 6.2.4 所示。抹底层灰一般分两次操作,最后用木抹子搓出麻面。

基层验收:表面平整度用 2 m 靠尺检查,偏差不得大于 5 mm,标高偏差不得大于 ±8 mm。

2. 弹线

施工前在墙体四周弹出标高控制线(图 6.2.5),在地面弹出十字线,以控制地砖分隔尺寸。找出面层的标高控制点,应与各相关部位的标高控制一致。

阅读
选砖小贴士

动画
地砖施工工艺

(a) 用10%火碱(NaOH溶液)水清除地面油污

(b) 光滑混凝土地面凿毛处理

(c) 清除地面浮土

图 6.2.4　基层处理

3. 瓷砖浸水湿润

地砖应提前 12 h 放在水中浸泡(图 6.2.6),清洗地砖背面的灰尘、杂物,阴干时间为 30 ~ 40 min。

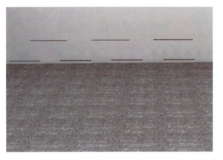
利用旋转激光仪、卷尺等工具在四周墙、柱面上弹出+500 mm闭合水平基准线,在墙上,往下量出地砖面层标高

图 6.2.5　墙面弹线

图 6.2.6　浸砖

> **想一想:**
> 陶瓷地砖在铺装前为什么要进行浸砖?

4. 抹找平层砂浆

(1)洒水湿润(图 6.2.7)。在清理好的基层上,用喷壶将地面基层均匀洒水一遍。

(2)抹灰饼和标筋。从已弹好的面层水平线下量至找平层上皮的标高(面层标高减去砖厚及黏结层的厚度),抹灰饼(间距 1.5 m,图 6.2.8),灰饼上平就是水泥砂浆找平层的标高。然后从房间一侧开始抹标筋(又叫冲筋,图 6.2.9)。有地漏的房间,应由四周向地漏方向放射形抹标筋,并找好坡度。抹灰饼和标筋应使用干硬性砂浆,厚度不宜小于 2 cm。

图 6.2.7　洒水润湿

图 6.2.8　灰饼

图 6.2.9　标筋

（3）装档。即在标筋间装铺水泥砂浆，如图 6.2.10 所示。清净抹标筋的剩余浆渣，涂刷一遍水泥浆（水灰比为 0.4～0.5）黏结层，要随涂刷随铺砂浆。

根据标筋的标高，用小平锹或木抹子将已拌和的水泥砂浆（配合比为1:3～1:4）铺装在标筋之间

用木抹子摊平、拍实

用小木杠刮平，再用木抹子搓平，使铺设的砂浆与标筋找平

用大木杠横竖检查其平整度，同时检查其标高和泛水坡度是否正确，24 h后浇水养护

图 6.2.10　装档

5. 弹铺砖控制线

当找平层砂浆抗压强度达到 1.2 MPa 时，开始上人弹砖的控制线。预先根据设计要求和砖块规格尺寸，确定砖块铺砌的缝隙宽度。当设计无规定时，紧密铺贴缝隙宽度不宜大于 1 mm，虚缝铺贴缝隙宽度宜为 5～10 mm。

在房间中，从纵、横两个方向排尺寸，当尺寸不足整砖倍数时，将非整砖用于边角处；横向平行于门口的第一排应为整砖，将非整砖排在靠墙位置；纵向（垂直门口）应在房间内分中，非整砖对称排放在两墙边处；根据已确定的砖数和缝宽，在地面上弹纵、横控制线（图 6.2.11，

图 6.2.11　弹铺砖控制线

每隔 4 块砖弹一根控制线）。

6. 铺砖

为了找好位置和标高,应从门口开始,纵向先铺 2 ~ 3 行砖,以此为标筋拉纵横水平标高线,铺时应从里向外退着操作,人不得踏在刚铺好的砖上,每块砖应跟线,如图 6.2.12 所示。

找平层上洒水湿润,均匀涂刷素水泥浆(水灰比为0.4~0.5),涂刷面积不要过大,铺多少刷多少

水泥砂浆结合层,配合比宜为1:2.5(水泥:砂)的干硬性砂浆。结合层的厚度,采用水泥砂浆铺设时应为10~15 mm

用橡胶锤轻敲地砖四周,掀起地砖查看砂浆是否有空隙,如有则修补干硬性水泥砂浆

砖的背面朝上抹黏结砂浆,四周抹成斜面

地砖铺砌到已刷好的水泥浆找平层上,上楞略高出水平标高线,找正、找直,砖上面垫木板,用橡胶锤拍实,顺序从内退着往外铺砌

拔缝,铺完2~3行,应随时拉线检查缝格的平直度,如超出规定应立即修整,将缝拨直,并用橡胶锤拍实,此项工作应在结合层凝结之前完成

图 6.2.12　铺砖

> **想一想：**
>
> 为什么要涂刷素水泥浆,涂刷时应注意什么?

7. 勾缝擦缝

面层铺贴应在 24 h 内进行擦缝、勾缝工作(图 6.2.13),并使用同品种、同标号、同颜色的水泥。

勾缝,用1:1水泥细砂浆勾缝,缝内深度为砖厚的1/3,要求缝内砂浆密实、平整、光滑。擦缝,用干水泥撒在缝上,再用绵纱团擦揉,将缝隙擦满

养护:铺完砖24 h后,洒水养护,时间应不少于7d

图 6.2.13　勾缝擦缝

> **做一做：**
>
> 认真观察教室的地面装饰情况,通过小组讨论或查阅相关资料,说说地面为什么要留缝处理? 缝隙的宽窄施工时如何进控制?

8. 安装踢脚板

地砖铺贴完毕并养护后即可安装踢脚板,如图 6.2.14 所示。

铺设时应在房间墙面两端头阴角处各镶贴一条踢脚板,出墙厚度和高度应符合设计要求,以此砖上楞为标准挂线开始铺贴

砖背面朝上抹黏结砂浆,砖上楞要跟线且立即拍实,脚板的立缝应与地面缝对齐

图 6.2.14　安装踢脚板

四、质量验收

1. 主控及一般项目

陶瓷地砖地面的质量标准和检验方法如表 6.2.2 所示。

表 6.2.2　陶瓷地砖地面的质量标准和检验方法

项目	项次	质量要求	检验方法
主控项目	1	地砖面层所用的板块的品种、质量应符合设计要求	观察检查和检查材质合格记录
	2	面层与下一层应结合牢固,无空鼓	用小锤敲击检查

 微课

石材地面工程质量
检验与检测

续表

项目	项次	质量要求	检验方法
一般项目	3	面层的表面应洁净、平整、无磨痕,且应图案清晰、色泽一致、接缝均匀、周边顺直、镶嵌正确,板块无裂缝、掉角和缺棱等缺陷	观察检查
	4	踢脚板表面应洁净、高度一致、结合牢固、出墙厚度一致	用小锤敲击及尺量检查
	5	楼梯踏步和台阶板块的缝隙宽度应一致、齿角整齐,楼梯段相邻踏步高度差不应大于 10 mm;防滑条应顺直、牢固	观察和尺量检查
	6	面层表面的坡度应符合设计要求,不倒泛水,无积水;与地漏、管道结合处应严密牢固,无渗漏	观察、泼水或坡度尺及蓄水检查

2. 允许偏差及检验方法

陶瓷地砖面层允许偏差及检验方法如表 6.2.3 所示。

表 6.2.3　陶瓷地砖允许偏差及检验方法

项次	项目	允许偏差/mm	检验方法
1	表面平整度	1.0	用 2 m 靠尺和楔形塞尺检查
2	缝格平直	2.0	拉 5 m 线,不足 5 m 者拉通线和尺量检查
3	接缝高低	0.5	尺量和楔形塞尺检查
4	板块间隙宽度	1.0	尺量检查
5	踢脚板上口平直	1.0	拉 5 m 线和尺量检查

任务拓展

答案
课堂训练

● **课堂训练**

1. 地砖铺装时,采用_____砂,含泥量不大于_____%,要过 5 mm 孔径的筛子。

2. 将楼地面上的砂浆污物等清理干净并冲洗晾干,混凝土地面应_____,抹底层灰一般分两次操作,最后用木抹子搓出麻面。基层验收:表面平整度用 2 m 靠尺检查,偏差不得大于_____ mm,标高偏差不得大于±8 mm。

3. 从纵、横两个方向排尺寸,当尺寸不足整砖倍数时,将非整砖用于_____处,横向平行于门口的第一排应为整砖,将非整砖排在靠墙位置,纵向应在房间内分中,非整砖对称排放在两墙边处。根据已确定的砖数和缝宽,在地面上弹_____控制线。

4. 养护:铺完砖_____h后,洒水养护,时间应不少于_____d。

微课
地砖常见问题与
对策

● 学习思考

扫描微课"地砖常见问题与对策"二维码,找出解决相邻两块地砖不平整的解决办法。

任务 3　实木地板地面构造与施工

课件
实木地板地面构造
与施工

任务目标

通过本任务的学习,达到以下目标:

1. 理解实木地板地面的主要材料及装饰构造。

2. 掌握实木地板地面的施工技术要点,培养学生遵守规范及标准的岗位责任意识。

3. 熟悉实木地板地面质量验收标准,强化学生工程质量意识。

任务描述

● 任务内容

某家装卧室为满足装饰及使用要求,计划对其进行实木地板铺装(图 6.3.1)。列出使用机具和主材种类名称,编制实木地板施工流程,按照《建筑装饰装修工程质量验收标准》(GB 50210—2018)进行质量验收。

(a) 实木地板铺装前　　　　　　　(b) 实木地板铺装后

图 6.3.1　实木地板铺装

● 实施条件

1. 实木地板的质量应符合规范和设计要求,在铺设前,应得到业主对地板质量、数量、品种、花色、型号、含水率、颜色、油漆、尺寸偏差、加工精度、甲醛含量等的验收认可。

2. 认真审核图纸,结合现场尺寸进行深化设计,确定铺设方法、拼花、镶边等,并经监理、建设单位认可。

3. 根据选用的板材和设计图案进行试拼、试排,达到尺寸准确、均匀美观。

4. 选定的样品板材应封样保存。提前做好样板间或样板块,经监理、建设单位验收合格。

相关知识

一、实木地板地面构造

实木地板分为单层铺设、双层铺设、高架铺设三种。

（1）单层铺设。普通实木地板面层的单层铺设做法，是指采用长条木板直接铺钉于地面木搁栅上，而不设毛地板。

（2）双层铺设。木地板铺设时在长条形或块形面层木板下采用毛地板的构造做法，毛地板铺钉于木搁栅（木龙骨）上，面层木地板铺钉于毛地板上，如图 6.3.2 所示。

动画
架空式木、竹地面

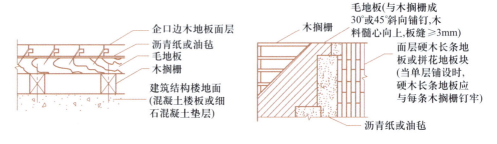

(a) 剖面构造示意　　　　　　(b) 平面层次示意

图 6.3.2　双层木地板构造

（3）高架铺设。根据工程需要及设计要求，一般是在建筑底层室内四周基础墙上敷设通长的沿缘木，再架设木搁栅，当搁栅跨度较大时即在其中间设置地垄墙或砖墩，上面铺油毡或涂防潮油等防潮措施后再搁置垫木，固定木搁栅；必要时再加设剪刀撑，以保证支撑稳定且不影响整体结构的弹性效果；最后，将单层或双层地板铺钉于木搁栅上。高架式木地板构造示意图如图 6.3.3 所示。

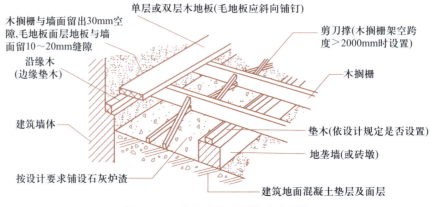

图 6.3.3　高架式木地板构造示意图

二、实木地板材料及机具

1. 选择地板材料

实木地板铺装的材料主要包括实木地板、木龙骨、垫木、剪刀撑、防腐剂、防火涂料、胶黏剂、镀锌铅丝、地板钉、膨胀螺栓、镀锌木螺钉、隔声材料等,如表 6.3.1 所示。

表 6.3.1 实木地板地面材料

名称	用途	形式
实木地板	按表面加工的深度分为两类:淋漆板(地板的表面已经涂刷了地板漆,可以直接安装后使用)和素板(表面没有进行淋漆处理,在铺装后必须经过涂刷地板漆后才能使用)。实木地板按加工工艺划分:企口实木地板、指接地板、集成材地板拼方、拼花实木地板等	
木龙骨	采用松木或杉木,规格一般为 2.5 cm×4 cm、3 cm×4 cm,长度为 2~4 m。实木地板安装一般是 1 m 木地板安装 3~4 根龙骨。一般来说实木地板的长×宽为 910 mm×120 mm,需铺设 3 根地板龙骨	
防火涂料	用于可燃性基材表面,能降低被涂材料表面的可燃性,阻滞火灾的迅速蔓延,用以提高被涂材料的耐火极限	
镀锌木螺钉	开槽圆头木螺钉、开槽沉头木螺钉、开槽半沉头木螺钉、六角头木螺钉、十字槽圆头木螺钉、十字槽沉头木螺钉。	

阅读
挑选实木地板小窍门

阅读
挑选木龙骨小窍门

2. 选择机具

(1)电动工具:多功能木工机床、刨地板机、磨地板机、平刨、压刨、小电锯、冲击钻。

(2)手动工具:斧子、冲子、凿子、手锯、手刨、锤子、墨斗、錾子、扫帚、钢丝刷、气枪钉、割角尺。

(3)检测工具:水准仪、水平尺、方尺、钢尺、靠尺。

三、施工流程及要点

（一）施工流程

基层处理→施工放线→木龙骨铺垫及固定→找平→铺装地板→刨平、磨光→油漆、打蜡→清理地板。

（二）施工要点

1. 基层处理

将基层上的砂浆、垃圾等彻底清扫干净，或用吸尘器清理（图6.3.4）。

2. 弹线

确定地板铺设方向，一般朝南房间，以南北方向为主，即地板竖向对着阳光照射进来的方向，也就是地板南北向铺设最为常见。弹出木龙骨上水平标高控制线以及龙骨横向排布线，木龙骨间距不大于400 mm，如图6.3.5、图6.3.6所示。

图 6.3.4　基层清理

图 6.3.5　确定地板方向

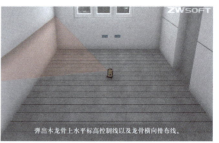

图 6.3.6　弹龙骨排布线

3. 铺装木龙骨

（1）木龙骨的铺装有实铺法和空铺法两种。

实铺法：楼层木地板的铺设，通常采用实铺法施工，如图6.3.7所示。

用电钻在木龙骨上开孔，用膨胀螺栓、角码固定木龙骨或采用预埋在楼板的铁丝绑扎。木龙骨表面应平直，否则在底部砍削找平，刷防火涂料及防腐处理。实铺法木龙骨加工成梯形（燕尾龙骨），可以节省木料，也有利于稳固，也可采用3 cm×4 cm木龙骨，接头采用平接头，接头处用双面木夹板，每面钉牢。木龙骨直接设置横撑，横撑的含水率不大于18%，间距800 mm，与龙骨垂直相交，用铁钉固定。

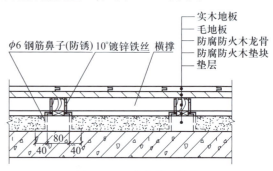

图 6.3.7　木龙骨实铺法

空铺法：首层楼地面常采用空铺法，如图6.3.8所示。

在地垄墙上垫放通长的压沿木或垫木（防腐、防蛀处理），用预埋在地垄墙上的铁丝绑扎拧紧,绑扎固定间距不大于300 mm,接头采用平接,相邻接头的铅丝分别在接头处两端150 mm以内,防止接头松动。在压沿木或垫木画出各龙骨的中线,将龙骨对准中线,端头离开墙面30 mm,木龙骨一般与地垄墙垂直布置,间距400 mm。龙骨摆正后,在龙骨上按剪刀撑的间距弹线,然后按线将剪刀撑钉于龙骨侧面,同一行剪刀撑要对齐顺线,上口齐平。

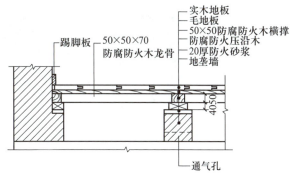

图6.3.8　木龙骨空铺法

（2）龙骨间隙处理。龙骨端头距墙面留置10 mm间隙,沿龙骨方向,邻墙龙骨侧面距墙面留置10~20 mm间隙,最后一根龙骨与墙面间距无法留置10~20 mm间隙时,则最大间隙不得超过50 mm。龙骨与龙骨接缝留置3~5 mm间隙,相邻龙骨接缝的间距须大于等于500 mm。龙骨缝隙处理如图6.3.9所示。

(a) 龙骨端头距墙面留置10 mm间隙

(b) 邻墙龙骨侧面距墙面留置10~20 mm间隙

(c) 龙骨与龙骨接缝留置3~5 mm间隙

(d) 相邻龙骨接缝的间距须大于等于500 mm

图6.3.9　龙骨缝隙处理

想一想:

邻墙龙骨侧面距墙面及龙骨间的接缝作用是什么?

锤击式膨胀钉距龙骨端头小于等于100 mm,钉与钉的间距小于等于380 mm（图6.3.10）。锤击式膨胀钉的规格为M10×100,如因特殊情况地面不做找平层,且龙骨不做垫高处理,考虑到楼板厚度,避免打穿,可以使用M10×80规格的锤击式膨胀钉。

（3）找平。对铺设完毕的木龙骨进行全面的平直度调整和牢固性检测,如图6.3.11

所示,使其达到标准后方可进行下道工序。

图 6.3.10　钉距　　　　　　　　　　　　图 6.3.11　水平尺找平

4. 铺钉毛地板

实木地板有单层和双层两种,单层是将条形实木地板直接钉牢在木龙骨上,条形板和木龙骨垂直铺设,木龙骨之间填充保温棉(图 6.3.12)。双层是在木龙骨上先钉一层毛地板,再钉实木条板。

毛地板采用较窄的松、杉木板条,宽度不大于 120 mm,毛地板与木龙骨成 30°或 45°角斜向铺设,毛地板铺设时,木材髓心朝上,板缝不大于 3 mm,与墙直接留 10～20 mm 的缝隙。毛地板用铁钉与龙骨钉紧,宜选用长度为板厚 2～2.5 倍的铁钉,每块毛地板应在每根龙骨上各钉两个钉子,钉帽砸扁,冲进板面 2 mm,相邻板条的接缝要错开,如图 6.3.13 所示。

图 6.3.12　填充保温棉

(a) 毛地板与木龙骨成30°或45°角斜向铺设　　　　　　(b) 与墙直接留10~20 mm的缝隙

图 6.3.13　铺钉毛地板

想一想:
为什么毛地板用木楔临时固定?

5. 铺钉地板

单层实木地板,在木龙骨完成后即进行条板铺钉。双层实木地板在毛地板完成后,为防止使用中发生响声和潮气侵蚀,在毛地板上干铺一层防水卷材(图6.3.14)。铺设时从距门较近的墙边开始铺钉企口条板,靠墙的一块板应离墙面 10～20 mm,用木楔临时固定(图6.3.15)。用地板钉从板侧企口处斜向钉入(图6.3.16),钉长为板厚的 2～2.5 倍,钉帽砸扁冲入板面 2 mm,板端接缝应错开,每铺设 600～800 mm 宽应拉线找直修整,板缝宽不大于 0.5 mm。

图 6.3.14　铺设油毡　　　　图 6.3.15　木楔临时固定

图 6.3.16　地板钉固定

6. 刨平、磨光

地板刨光宜采用刨光机,转速在 5 000 r/min 以上。长条地板应顺木纹刨,拼花地板应与木纹成 45°角斜刨。速度不宜太快,刨刀吃口不应过深,要多走几遍。一遍所刨厚度应小于 1.5 mm,要求无刨痕。机器刨不到的地方要用手刨,并用细刨净面。地面刨平后,用纱布磨光,所用纱布应先粗后细,纱布应绷紧绷平,磨光方向及角度与刨光反向相同。

多学一点:
  拼花木地板的安装,面层除可以采用实木地板的钉接法之外,还可以采用沥青胶结料粘贴,如图 6.3.17 所示。

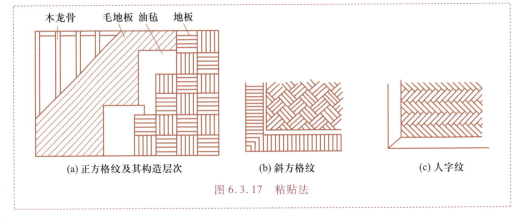

(a) 正方格纹及其构造层次　　　(b) 斜方格纹　　　(c) 人字纹

图 6.3.17　粘贴法

7. 安装踢脚板

踢脚板的厚度应以能压住实木地板与墙的缝隙为准,一般厚度为 15 mm,以钉固定,其构造如图 6.3.18 所示。木踢脚板应提前刨光,背面开成凹槽,防翘曲,并每隔 1 m 钻孔径为 6 mm 的通风口。在墙上每隔 750 mm 钻孔打入防腐木砖,防腐木砖外面钉防腐木块,把踢脚板用钉子钉牢在木块上,钉帽砸扁冲入板内,踢脚板板面应垂直,上口水平。如图6.3.19 所示。踢脚板

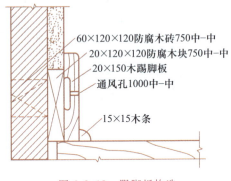

60×120×120防腐木砖750中一中
20×120×120防腐木块750中一中
20×150木踢脚板
通风孔1000中一中
15×15木条

图 6.3.18　踢脚板构造

阴阳角交接处,钉三角木条,以盖住缝隙,木踢脚板阴阳角处应切割成 45°拼装,踢脚板的接头应固定在防腐木块上。

动画
木质踢脚板的构造做法

(a) 墙上每隔750 mm开孔　　(b) 开孔处打入防腐木楔　　(c) 踢脚板用铁钉钉牢

图 6.3.19　安装踢脚板

四、质量验收

1. 主控及一般项目检查

实木地板面层的质量标准和检验方法见表 6.3.2。

2. 允许偏差及检验方法

实木地板面层的允许偏差和检验方法见表 6.3.3。

表 6.3.2　实木地板面层的质量标准及检验方法

项目	项次	质量要求	检验方法
主控项目	1	实木地板面层铺设时的木材含水率必须符合设计要求,木搁栅、垫木和毛地板等必须做防腐、防蛀处理	观察检查和检查材质合格证明文件及检测报告
	2	木搁栅安装应牢固、平直	观察,脚踩检查
	3	面层铺设应牢固,无空鼓	观察,脚踩或用小锤轻击检查
一般项目	4	实木地板面层应刨平、磨光,无明显刨痕和毛刺等现象;图案清晰,颜色均匀一致	观察,手摸和脚踩检查
	5	面层缝隙应严密,接头位置应错开,表面洁净	观察检查
	6	拼花地板接缝应对齐,粘、钉严密;缝隙宽度均匀一致;表面洁净,无溢胶	观察检查
	7	踢脚板表面应光滑,接缝严密,高度一致	观察和尺量检查

表 6.3.3　实木地板面层的允许偏差及检验方法

项次	项目	允许偏差/mm	检验方法
1	板面缝隙宽度	1.0	用钢尺检查
2	表面平整度	3.0	2 m 靠尺和楔形塞尺检查
3	踢脚板上口平整	3.0	拉 5 m 线,不足 5 m 者拉通线和尺量检查
4	板面拼缝平直	3.0	
5	相邻板面高差	0.5	用钢尺和楔形塞尺检查
6	踢脚板与面层的接缝	1.0	楔形塞尺检查

任务拓展

答案
课堂训练

● 课堂训练

1. 实木地板分为_____、_____、_____三种。

2. 弹出木龙骨上_____线以及龙骨_____线,木龙骨间距不大于_____ mm。

3. 实铺法木龙骨加工成梯形（燕尾龙骨），可以＿＿＿＿＿＿，也有利于＿＿＿＿＿＿，也可采用 3 cm×4 cm 木龙骨；木龙骨直接设置＿＿＿＿＿＿，其含水率不大于 18%，间距 800 mm，与龙骨垂直相交，用铁钉固定。

4. 龙骨端头距墙面留置＿＿＿＿ mm 间隙，沿龙骨方向，邻墙龙骨侧面距墙面留置 10～20 mm 间隙，龙骨与龙骨接缝留置＿＿＿＿ mm 间隙，相邻龙骨接缝的间距须大于等于 500 mm。

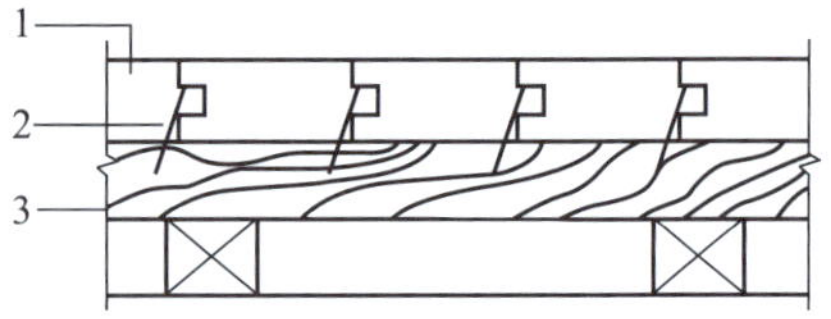

● 学习思考

观察图 6.3.20 所示木地板地面构造，根据所学知识，填写 1～3 构造名称。

图 6.3.20　木地板地面构造
1—＿＿＿＿＿＿；2—＿＿＿＿＿＿；
3—＿＿＿＿＿＿

任务 4　复合木地板构造与施工

任务目标

课件
复合木地板构造与施工

通过本任务的学习，达到以下目标：
1. 了解复合木地板主要材料、装饰构造及发展趋势，树立绿色、环保的发展理念。
2. 掌握复合木地板的施工技术要点，强化学生遵守规范与标准的习惯。
3. 熟悉复合木地板质量验收标准，树立工程质量意识。

任务描述

● 任务内容

为节省开支及加快装修进度，将室内地面进行复合木地板铺设（图 6.4.1），列出使用机具和主材种类名称、编制木地板施工方案，并按照《建筑装饰装修工程质量验收标准》（GB 50210—2018）进行质量验收。

图 6.4.1　复合木地板

● 实施条件

1. 穿地面的管道立管安装完毕，穿管处管洞用弹性材料填塞密实。
2. 地面预埋管线、管沟等均已经完成，并经过验收，相关打压试验合格。

3. 各类预留口、预留洞用盖板临时封堵,并做出标识。

4. 所有成品、半成品的保护严密、彻底。

相关知识

一、认识复合木地板构造

复合木地板一般采用浮铺式铺设方式,地板本身具有槽样企口边(图 6.4.2)及配套的胶黏剂、卡子、缓冲垫等。铺设时在板块企口咬接处均匀涂刷胶黏剂或采用配件卡子即可,整体铺设在地面基层上。复合木地板铺装构造主要包括地面基层、砂浆找平层、防潮层、地板面层,如图 6.4.3 所示。复合木地板本身由平衡层、基材层、装饰层、耐磨层组成,如图 6.4.4 所示。

图 6.4.2　复合木地板企口

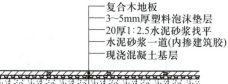

图 6.4.3　复合木地板铺装构造

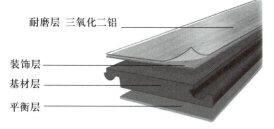

图 6.4.4　复合木地板构造

二、复合木地板材料及机具

1. 选择材料

复合木地板、成品砂浆或水泥砂浆、清水、塑料膨胀螺钉、软连接材料、双面不干胶带、塑料膜地垫,如表 6.4.1 所示。

表 6.4.1　复合木地板材料

名称	用途	形式
实木复合木地板	实木复合木地板分为表、芯、底三层。表层为耐磨层,应选择质地坚硬、纹理美观的品种。芯层和底层为平衡缓冲层,应选用质地软、弹性好的品种。实木复合木地板是由不同树种的板材交错层压而成,一定程度上克服了实木地板湿胀干缩的缺点,干缩湿胀率小,具有较好的尺寸稳定性,并保留了实木地板的自然木纹和舒适的脚感	

续表

名称	用途	形式
成品砂浆	成品砂浆按材料分类属于混合砂浆,成品砂浆有很多种,如黏结砂浆、抹面砂浆、无机保温砂浆等,都是严格按量配比的	
塑料膜地垫	塑料膜地垫由一层塑料薄膜和聚乙烯发泡黏结制作而成,地垫紧贴地面铺设,起着隔潮、防潮,保护地板、增加弹性的作用,且具有抗碱、防酸的性能。它的优点是价格便宜,但没有阻碍热量传导、产生有害气体之类的问题。另外,这种材料也很不容易老化	

2．选择工具

(1)手动工具:回力钩、平锹、木抹子、钢抹子、刮杠、笤帚、白线、墨斗、钢丝刷、铁錾子、手锤。

(2)电动工具:小型搅拌机、平板振捣器。

(3)检测工具:2 m 靠尺、铅锤、水平尺、直角尺、激光旋转水平仪。

三、施工流程及要点

(一)施工流程

基层检查→铺设地垫→地板试铺→铺装顺序及拼接操作→踢脚板安装→分项验收。

(二)施工要点

1．基层检查

地面基层应有足够的强度,其表面质量应符合国家现行标准、规范的有关规定。

(1)检查地面含水率。用含水率检测仪(图 6.4.5)测量地面含水率,普通地面的要求标准<20%,铺设地热的地板要求标准<10%。如果地面含水率过高,地板就容易吸水膨胀,造成地板起拱、起鼓、响声等问题,因此若地面含水率超过标准值,应进行防潮处理,防潮处理方式可采用涂刷防水涂料或铺设塑料薄膜。

(2)检查地面平整度。地面平整度应满足铺装要求,用 2 m 靠尺检测地面平整度(图 6.4.6),靠尺与地面的最大弦高应≤5 mm。如果地面不平,则需要用铲刀凿平,情

动画
实木复合木地板施工工艺

况严重的要重新找平或做自流平处理。地面平整度不达标而进行铺装的话,会造成地板崩边、起翘、起拱、响声等问题。墙面同地面的阴角处在 200 mm 内应互相垂直、平整,凹凸不平度小于 1 mm/m。

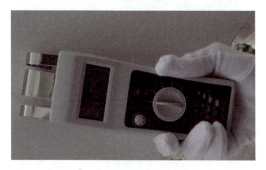

图 6.4.5　含水率检测仪

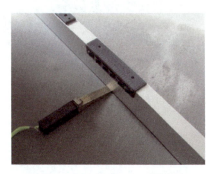

图 6.4.6　地面平整度检测

做一做:

　　查找相关资料,认真观察图 6.4.6 所示地面平整度检测,以小组为单位汇报如何用靠尺及塞尺检测地面平整度。

2. 铺设地垫

铺地板时要注意地垫的情况(图 6.4.7),地垫不能重叠,接缝处用 60 mm 宽的胶带密封,四周各边上引 30～50 mm,以不能超过踢脚板为准。如果地垫比较厚,地垫重叠处偏高,也会导致地板起拱。

想一想:

　　铺设地垫时要注意哪些施工要点及为什么要铺设地垫。

图 6.4.7　铺设地垫

3. 地板试铺

地板存在色差问题,需要进行颜色区分,与业主沟通达成铺装共识后方可铺装。在正式铺装前可以先进行地板的试铺(图 6.4.8),预先试铺的注意事项包括铺装方向、铺装方式和色彩的预选。铺装方向一般为顺光铺设,即顺着光线,面对光线入口铺,对着窗台的方向。

4. 铺装顺序及拼接操作

地板铺装顺序及拼接操作如图 6.4.9 所示。

图 6.4.8　试铺

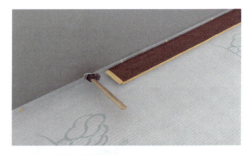

(a) 从房间的一侧开始安装第一排地板，将有槽口的一边向墙壁，加入专用垫块，预留8~12 mm的伸缩缝

(b) 用羊角锤和小木块沿着地板边缘敲打，使地板拼接紧密

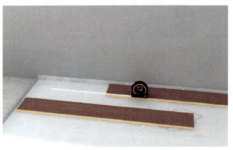

(c) 测量出第一排尾端所需地板长度，预留8~12 mm的伸缩缝，锯掉多余部分

(d) 将锯下的不小于300 mm长度的地板作为第二排地板的排头

(e) 相邻的两排地板短接缝之间不小于300 mm。铺装地板的走向通常与房间行走方向一致。如果敲打后地板仍出现翘起，可在地板表面靠近边缘处敲打

(f) 按顺序依次铺装，凹槽向墙，取一块地板，与地面保持 30°~45°的角度，将榫舌贴近上一块地板的榫槽；待地板贴紧后轻轻放下，用羊角锤和小木块沿着地板边缘敲打，使地板拼接紧密

(g) 每排最后一片及房间最后一排地板须使用专业工具撬紧

(h) 铺装完成后，伸缩缝应用聚苯板或弹性体填塞，以防地板松动

图 6.4.9　地板铺装顺序

多学一点：铺装方式

（1）直接粘贴铺法：要求地面干燥、平整、干净，将地板用胶直接粘在地面上。适用于 300 mm 以下的平口地板、企口地板、软木地板、竖木地板。

（2）悬浮铺设法：在地面上铺设地垫，然后在地垫上将带有锁扣、卡槽的地板拼接成一体。一般适用于强化木地板和实木复合木地板。

（3）龙骨铺设法：以长方形长木条为材料，固定于承载地板面层上并按一定距离铺设。龙骨材料有木龙骨、塑料龙骨、铝合金龙骨等。适用于实木地板与实木复合木地板。

（4）龙骨毛地板铺设法：先铺好龙骨，然后在上边铺设毛地板，将毛地板与龙骨固定，再将地板铺设于毛地板之上。适用于实木地板、实木复合木地板、强化复合木地板和软木地板等多种地板

5. 踢脚板安装

（1）安装阴、阳角处踢脚板如图 6.4.10 所示。

(a) 先装阴、阳角处的踢脚板配件，拉线，尺量控制出墙厚度，并使踢脚板对准已弹好的上口水平线

(b) 把踢脚板扣在底扣上，拐角处阴、阳直角直接扣在踢脚板上

图 6.4.10　阴、阳角踢脚板安装

（2）如果没有阴、阳角配件，则需要切割 45°角拼接，如图 6.4.11 所示。

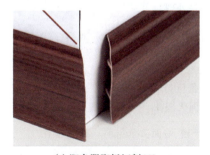

(a) 阳角踢脚板切割45°

(b) 阴角踢脚板切割45°

图 6.4.11　阴、阳角踢脚板拼接

（3）安装沿墙长条踢脚板，细部处理如图 6.4.12 所示。

(a) 将组合好的底扣和小样沿地面贴在墙上，把底扣钉在墙上，每隔40 cm左右钉一个底扣

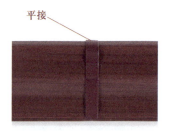

平接

(b) 按已装好的阴、阳角相接的距离，配制踢脚板长度。如单根踢脚板长度不够，可用平接头连接，使其接缝严密、平整、无错位

(c) 在与门套相接等位置安装堵头

(d) 踢脚板安装好后可以用清水等对踢脚板进行清理，把留下的手指印等擦拭干净

图 6.4.12　踢脚板细部处理

四、质量验收

1. 主控及一般项目检查

复合木地板面层的质量标准和检验方法如表 6.4.2 所示。

表 6.4.2　复合木地板面层的质量标准和检验方法

项目	项次	质量要求	检验方法
主控项目	1	复合木地板面层所采用的材料,其技术等级及质量要求应符合设计要求;木搁栅、垫木和毛地板等应做防腐、防蛀处理	观察检查和检查材质合格证明文件及检测报告
	2	木搁栅安装应牢固、平直	观察、脚踩检查
	3	面层铺设应牢固	观察、脚踩检查
一般项目	4	复合地板面层图案和颜色应符合设计要求,图案清晰、颜色一致,板面无翘曲	观察、用 2 m 靠尺和楔形塞尺检查
	5	面层的接头应错开,缝隙严密、表面洁净	观察检查
	6	踢脚线表面应光滑,接缝严密,高度一致	观察和用钢尺检查

2. 允许偏差及检验方法

复合木地板面层的允许偏差和检验方法如表 6.4.3 所示。

表 6.4.3　复合木地板面层允许偏差及检验方法

项次	项目	允许偏差/mm	检验方法
1	板面缝隙宽度	0.5	用钢尺检查
2	表面平整度	2.0	2 m 靠尺和楔形塞尺检查
3	踢脚线上口平整度	3.0	拉 5 m 线,不足 5 m 者拉通线和尺量检查
4	板面拼缝平直	3.0	
5	相邻板面高差	0.5	用钢尺和楔形塞尺检查
6	踢脚板与面层的接缝	1.0	楔形塞尺检查

任务拓展

● 课堂训练

1. 若地面含水率超过标准值,应进行_____处理,其处理方式可采用_____。

2. 地面平整度应满足铺装要求,用_____检测地面平整度,靠尺与地面的最大弦高应 ≤ 5 mm。如果地面不平,情况严重的要重新找平或做_____处理。

3. 铺地板时要注意地垫的情况,地垫不能重叠,接缝处用 60 mm 宽的胶带密封,四周各边上引_____mm,以不能超过踢脚板为准。如果地垫比较厚,地垫重叠处偏高,也会导致地板_____。

答案
课堂训练

4. 取一块地板,与地面保持_____°的角度,将榫舌贴近上一块地板的榫槽;待地板贴紧后轻轻放下,用_____和_____沿着地板边缘敲打,使地板拼接紧密。

● 学习思考

图 6.4.13 所示撬紧地板中用到了什么工具? 施工时什么部位可以用到此工具?

图 6.4.13　撬紧地板

任务 5　地毯地面构造与施工

任务目标

通过本任务的学习,达到以下目标:

1. 掌握地毯地面的装饰构造,培养学生传承与创新的工匠精神。

2. 了解地毯地面主要材料及机具的选择。

3. 理解地毯地面的施工技术要点,注重养成严谨细致、精益求精的职业素养。

4. 熟悉地毯地面质量验收标准,树立工程质量意识。

课件
地毯地面构造与施工

任务描述

● 任务内容

为满足装饰性要求,某酒店计划对其标间地面进行地毯铺设,如图 6.5.1 所示。按照《建筑装饰装修工程质量验收标准》(GB 50210—2018)、《房屋建筑室内装饰装修制图标准》(JGJ/T 244—2011)要求,绘制地毯构造详图,编制地毯施工方案,并进行质量验收。

● 实施条件

1. 在铺设地毯前,室内的其他装饰分项必须施工完毕。

2. 地毯基层必须做防潮层(如一毡二油等),要求表面平整,具有一定的强度,含水率不大于 8%。

3. 地毯、衬垫和胶黏剂等进场后检查数量、品种、规格、颜色等是否符合设计要求。

4. 大面积施工前应在施工区域做施工大样,并完成样板,经质量部门鉴定合格后按照样板的要求进行施工。

图 6.5.1　标间地毯地面

相关知识

一、认识地毯地面构造

地毯具有吸声、保温、隔热、防滑、弹性好、脚感舒适和施工方便等特点,又给人以华丽、高雅、温暖的感觉。地毯的铺设一般有固定式和活动式两种方法(图 6.5.2、图 6.5.3)。固定式又分两类:一类是在地毯四周用倒刺板固定地毯;另一类是用胶黏剂直接将地毯粘贴在地面上。

图 6.5.2　固定式地毯

图 6.5.3　活动式地毯

> **想一想:**
> 固定式地毯和活动式地毯有什么区别?

固定式地毯地面的构造主要由找平层、垫层、面层等组成,如图 6.5.4 所示。

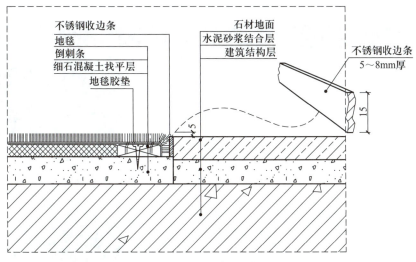

图 6.5.4　地毯地面构造

二、选择材料及机具

1. 选择地毯材料

地毯地面主要由地毯、地垫、胶黏剂、倒刺钉板条、铝合金倒刺条、铝压条等组成，如表 6.5.1 所示。

表 6.5.1　地毯地面主要材料

名称	用途	形式
地毯	按材质分类:纯羊毛地毯、化纤地毯、混纺地毯、塑料地毯等。地毯弹性好、耐脏、不褪色、不变形。特别是它具有储尘的能力，当灰尘落到地毯之后，就不再飞扬，因而它又可以净化室内空气,美化室内环境。地毯具有质地柔软、脚感舒适、使用安全的特点	
倒刺钉板条	三合板条(厚 4～6 mm,宽 24～25 mm,长 1200 mm)钉两排斜钉(间距 35～40 mm),五个高强水泥钉均匀分布(钢钉间距 400 mm,距端头 100 mm),用于墙、柱根部的地毯的固定	

续表

名称	用途	形式
铝合金倒刺条	用于固定地毯端头,有固定和收口的作用	
地垫	橡胶垫或橡胶泡沫垫,厚度小于 10 mm,每平方米质量在 1.4～1.9 kg	

2. 选择机具

(1)手动机具:地毯撑子、扁铲、割刀、剪刀、尖嘴钳子、钢尺等。

(2)电动机具:裁边机、手电钻、吸尘器、熨斗等。

三、施工流程及要点

(一)施工流程

基层处理→弹线分格、定位→地毯裁切→钉倒刺板→铺设衬垫→地毯铺设→细部处理→清理

(二)施工要点

1. 基层清理

将铺设地毯的地面清理干净,保证地面干燥,并且要有一定的强度。检查地面的平整度偏差不大于 4 mm,地面含水率不得大于 8%,满足要求后进行下一道工序。

2. 弹线分格、定位

严格按照设计图纸要求对房间的各个部分和房间的具体要求进行弹线、套方、分格。如设计无要求时按照房间对称找中并弹线定位铺设。

3. 地毯裁切

地毯的裁切应在比较宽阔的地方统一进行,并按照房间的实际尺寸,计算地毯的裁切尺寸,要求在地毯背面弹线、编号。原则是地毯的经线方向应与房间长向一致。地毯的每一边长度应比实际尺寸长出 2 cm 左右(图 6.5.5),按照背面弹线用手推裁刀从背面裁切,并将裁切好的地毯卷边编号,存放在相应的房间位置。

图 6.5.5　地毯裁切

4. 钉倒刺板

沿房间墙边或走道四周的踢脚板边

缘,用高强水泥钉将倒刺板(倒刺板的钉朝墙方向)固定在基层上(图6.5.6),水泥钉长度一般为4~5 cm,倒刺板离踢脚板面8~10 mm;钉倒刺板应用钢钉,相邻两个钉子的距离控制在300~400 mm,钉倒刺板时应注意不得损伤踢脚板,倒刺板构造如图6.5.7所示。

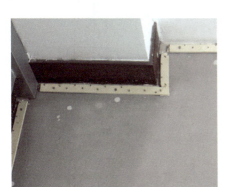

图6.5.6　钉倒刺板

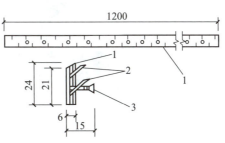

图6.5.7　倒刺板构造
1—胶合板条;2—挂毯朝天钉;3—水泥钉

5. 铺弹性垫层

垫层应按照倒刺板的净间距下料,避免铺设后垫层褶皱、覆盖倒刺板或远离倒刺板。设置垫层拼缝时应考虑到与地毯拼缝至少错开150 mm。衬垫用点粘方式,粘贴在地面上。

> **想一想:**
> 地毯垫层拼缝时为什么要与地毯拼缝至少错开150 mm?

6. 地毯拼缝

拼缝前要判断好地毯的编织方向,避免缝两边的地毯绒毛排列方向不一致。地毯缝用地毯胶带连接,在地毯拼缝位置的地面上弹一直线,按照线将胶带铺好,两侧地毯对缝压在胶带上,然后用熨斗在胶带上熨烫,使胶层熔化,随熨斗的移动立即把地毯压紧在胶带上。对缝时用剪刀将接口处的绒毛修齐。

7. 找平

将地毯的一条长边固定在倒刺板上,并将毛边塞到踢脚板下,用地毯撑(图6.5.8)拉伸地毯。拉伸时,先压住地毯撑,用膝撞击地毯撑,从一边一步一步向另一边拉紧找平。由此反复操作将四边的地毯固定在四周的倒刺板上,并将长出部分裁切。

> **做一做:**
> 根据所学地毯找平步骤,小组内讨论,如何使用地毯撑?

图6.5.8　地毯撑

8. 固定收边

地毯挂在倒刺板上要轻轻敲击一下,使倒刺板全部勾住地毯,避免挂不实而引起地毯松弛。地毯全部展平拉直后应把多余的地毯边裁去,再用扁铲(图6.5.9)将地毯边缘塞进踢脚板和倒刺板之间。当地毯下无衬垫时,可在地毯的拼接和边缘处采用麻布带和胶黏剂黏结固定,地毯收边构造如图6.5.10所示。

图6.5.9　扁铲

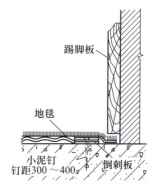

图6.5.10　地毯收边处理

9. 细部处理

施工时要注意门口压条的处理和门框、走道与门厅等不同部位、不同材料的衔接收口处理,如图6.5.11所示为铝合金收口条做法。铺设完成后,因接缝、收边裁下的边料应清扫干净,并用吸尘器将地毯表面全部吸一遍,如图6.5.12所示。

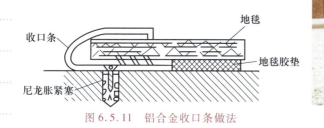

图6.5.11　铝合金收口条做法　　　　图6.5.12　清理地毯

多学一点:质量通病防治

(1)地毯卷边、翻边

产生原因:地毯固定不牢或粘贴不牢。

防治措施:墙边、柱边应钉好倒刺板,用以固定地毯;粘贴接缝时,刷胶要均匀,铺贴后要拉平压实。

(2)地毯表面不平整

产生原因:基层不平;地毯铺设时两边用力不一致,没能绷紧,或烫地毯时未绷紧;地毯受潮变形。

防治措施:地毯表面不平面积不应大于4m²;铺设地毯时必须用大小撑子或专用张紧器张拉平整后方可固定;铺设地毯前后应做好地毯防水、防潮。

(3)显露拼缝、收口不顺直

产生原因:接缝绒毛未处理;收口处未弹线,收口条不顺直;地毯裁割时,尺寸有偏差。

防治措施:地毯接缝处用弯针做绒毛密实的缝合,收口处先弹线,收口条跟线钉直;严格根据房间尺寸裁割地毯。

(4) 地毯发霉

产生原因:基层未进行防潮处理;水泥基层含水率过大。

防治措施:铺设地毯前,基层必须进行防潮处理,可用乳化沥青涂刷一道或涂刷掺防水剂的水泥浆一道;地毯基层必须保证含水率小于8%。

四、质量验收

地毯面层的质量标准和检验方法如表6.5.2所示。

表 6.5.2　地毯面层质量标准和检验方法

项目	项次	质量要求	检验方法
主控项目	1	规格、颜色、花色、胶料和辅料及其材质必须符合设计要求和国家现行地毯产品标准规定	观察检查和检查材质合格记录
	2	地毯表面应平服,拼缝处粘贴牢固、严密平整、图案吻合	观察检查
一般项目	3	地毯表面不应起鼓、起皱、翘边、卷边、显拼缝、露线和无毛边,绒面毛顺光一致,毯面干净,无污染和损伤	观察检查
	4	地毯同其他面层连接处、收口处和墙边、柱子周围应顺直、压紧	观察检查

任务拓展

● 课堂训练

1. 将铺设地毯的地面清理干净,保证地面干燥,并且要有一定的强度。检查地面的平整度偏差不大于_____ mm,地面含水率不得大于_____% ,满足要求后进行下一道工序。

2. 地毯的裁切应在比较宽阔的地方统一进行,并按照房间的实际尺寸,计算地毯的裁切尺寸,要求在地毯背面_____、_____。

3. 沿房间墙边或走道四周的踢脚板边缘,用高强水泥钉将倒刺条(倒刺条的钉朝墙方向)固定在基层上,水泥钉长度一般为_____ cm,倒刺板离踢脚板面_____ mm;钉倒刺板应用钢钉,相邻两个钉子的距离控制在_____ mm。

4. 垫层应按照倒刺板的净间距下料,避免铺设后垫层_____、覆盖倒刺板或远离倒刺板。设置垫层拼缝时应考虑到与地毯拼缝至少错开_____ mm。

答案
课堂训练

● 学习思考

观察图6.5.13所示平绒地毯张平步骤示意图,小组内进行讨论,汇报步骤1~7施工要点。

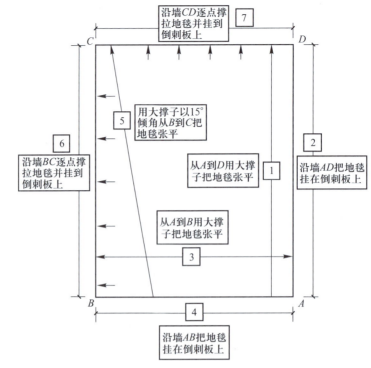

图 6.5.13　平绒地毯张平步骤示意图

任务 6　活动地板地面构造与施工

课件
活动地板地面构造
与施工

任务目标

通过本任务的学习,达到以下目标:

1. 掌握活动地板地面的材料及装饰构造。

2. 掌握活动地板地面施工技术要点,深入理解装配式装修绿色低碳发展趋势。

3. 熟悉活动地板地面质量验收标准,提高学生工程质量意识。

任务描述

● 任务内容

某创新工作室为便于地面走线及维护需要,计划对其地面进行防静电活动地板铺设,如图 6.6.1 所示。按照《建筑装饰装修工程质量验收标准》(GB 50210—2018),编制防静电活动地板地面施工方案,并进行质量验收。

● 实施条件

1. 相通的相邻房间内各项工程完工,支承在地板基层上且超过地板承载力的设备已进入房间预定位置并安装固定好。

2. 铺设活动地板的水泥地面,基层表面平整、光洁、不起灰,其含水率不大于 8%。

3. 墙面上弹好地面标高控制线。当房间是矩形平面时,其相邻墙面应相互垂直。

4. 活动地板的排板设计已完成。

图 6.6.1　防静电活动地板地面

相关知识

一、认识活动地板地面构造

防静电活动地板地面指用支架和横梁连接后架空的防静电地板地面,在众多装饰工艺中,也叫防静电架空面层地面。活动地板也叫装配式地板。防静电活动地板与基层地面或楼面之间所形成的架空空间,不仅可以满足敷设纵横交错的电缆和各种管线的需要,而且通过设计,在架空地板地面适当部位设置通风口,还可以满足静压送风等空调方面的要求。地面与楼面基层之间的高度,一般为 150～250 mm。活动地板地面广泛应用于实验室、机房、办公室及一些光纤比较集中和有防尘防静电要求的场所。

防静电活动地板地面的构造主要由地板、可调支架、横梁、螺钉等组成,如图 6.6.2 所示。

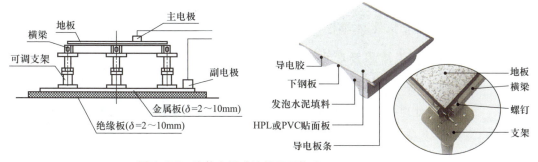

图 6.6.2　防静电活动地板地面构造

二、材料及机具

1. 选择活动地板地面材料

铺设防静电活动地板地面所需主要材料如表 6.6.1 所示。

表 6.6.1　活动地板地面主要材料

材料	性能	图片
防静电活动地板	防静电活动地板根据基材和贴面材料不同可以分为:钢基、铝基、复合基、刨花板基(也叫木基)、硫酸钙基等,贴面可以是防静电瓷砖、三聚氰胺板(HPL)和 PVC 板。标准地板:600×600×30。防火性能:国家 A 级防火材料	

续表

材料	性能	图片
活动地板支架	支架高度 10 cm、15 cm、20 cm、25 cm 的较为常用,全钢结构,机械强度高、承载能力强、耐冲击性能好;尺寸精度高,互换性好,组装灵活、方便,使用寿命长	
防静电地板横梁	全钢地板配套横梁分为长横梁和短横梁两种,长横梁规格:21×30/32×1173,短横梁规格:21×30/32×573;表面镀锌防锈处理	

2. 选择机具

(1)电动机具:无齿锯、手电钻。

(2)手动机具:水准仪、扳手、吸盘、手锯等。

三、施工流程及要点

(一)施工流程

基层处理→套方弹线→安装支架横梁→铺设活动地板→清理→检查验收。

(二)施工要点

1. 基层处理

将地面基层上的落地灰、浮浆等用钢丝刷清理干净,要求基层平整、光洁、不起灰,含水率不大于8%,必要时地面涂刷清漆或绝缘脂。

> 想一想:
> 　为什么要控制地面的含水率?

2. 套方弹线

首先测量房间的长、宽尺寸,在地面弹出中心十字控制线。如果房间是矩形,量测相邻墙面的垂直,垂直偏差应小于1/1000,与活动地板接触的墙面,其直线度每米偏差不应大于2 mm;依据活动地板的尺寸,排出活动地板的放置位置;在墙面弹出活动地板面层的横梁组件标高线和完成面标高控制线。

3. 安装支架和横梁

在方格网交叉点安装支架、组装横梁,并转动支架螺杆,用水平尺调整横梁顶面高度使其符合要求。待所有支架和横梁组装成一体后,用水准仪抄平复核。符合设计要求后,用膨胀螺栓将支架底座与地面基层固定,如图6.6.3所示。

动画
活动地板施工操作

非整块板靠墙处,应采用专用支架和横梁,当使用一般支架时,宜将支架上托的四个定位销打掉三个,保留靠墙面一个,使靠墙边的板块越过支架紧贴墙面,如图6.6.4所示。非整块板靠墙处,可用木龙骨支架或角钢代替支架和横梁,木龙骨支架或角钢顶面标高,应与横梁顶面标高一致。支架和横梁安好后,敷设活动地板下的电缆、管线,进行隐蔽工程验收。

图6.6.3 支架横梁安装

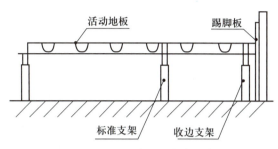

图6.6.4 活动地板靠墙固定

4. 铺设活动地板

铺设活动地板前,在横梁上铺放缓冲胶条,并用乳胶液与横梁粘合,如图6.6.5所示。铺设活动地板时,应调整水平,转动或调换活动地板块位置,保证四角接触平整、严密,板块应拉线安装,接缝均匀、顺直。

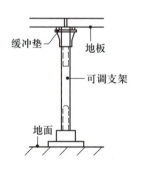

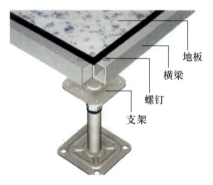

图6.6.5 活动地板构造

铺设活动地板板块不符合模数时,不足部分可根据实际尺寸切割后镶补。活动地板采用电锯切割或电钻钻孔加工,加工的边角应打磨平整,采用清漆或环氧树脂加滑石粉按比例调成腻子封边。活动地板与墙面的接缝,应根据接缝宽度采用木条或泡沫塑料镶嵌。活动地板层全部完成,检查平整度及缝隙符合质量要求后,即可进行清理。

多学一点:活动地板地面的通病防治

　　(1)板面不平整

　　产生原因:基层不平、支架未调平或横梁与面板接触处塞垫木片等材料。

防治方法:严格按操作工艺进行,在安装面板前一定要用水平仪和水平尺边检查边安装。不得塞垫软质材料找平。

(2)面板缝隙大且不顺直

产生原因:板块尺寸误差大,拼装时未按方格网线控制安装。

防治方法:安装前检查校核每块面板,对尺寸误差较大的板块应剔除或修正(如切割刨边),将尺寸有误差的板块铺贴在隐蔽部位。铺板中始终以方格控制线为标线,发现误差及时调整

四、质量验收

1. 主控及一般项目检查

活动地板地面的质量标准和检验方法如表6.6.2所示。

表 6.6.2　活动地板地面质量标准和检验方法

项目	项次	质量要求	检验方法
主控项目	1	面层材质必须符合设计要求,且应具有耐磨、防潮、阻热、耐污染、耐老化和导静电等特点	观察检查和检查材质合格证明文件及检测报告
	2	活动地板面层应无裂缝、掉角和缺棱等缺陷;行走无声响、无摆动	观察检查和脚踩检查
一般项目	3	活动地板面层应排列整齐、表面洁净、色泽一致、接缝均匀、周边顺直	观察检查

2. 允许偏差及检验方法

活动地板地面安装允许偏差和检验方法如表6.6.3所示。

表 6.6.3　活动地板地面允许偏差和检验方法

项次	项目	允许偏差/mm	检验方法
1	表面平整度	2.0	用2 m靠尺和楔形塞尺检查
2	板面缝格平直	2.5	拉5 m线,不足5 m者拉通线和尺量检查
3	接缝高低差	0.4	尺量检查
4	板块间隙宽度	0.3	拉5 m线,不足5 m者拉通线和尺量检查

答案
课堂训练

任务拓展

● 课堂训练

1. 铺设活动地板的水泥地面,基层表面_____、光洁、_____,其含水率不大于_____。

2. 在方格网交叉点安装支架、组装_____,并转动支架螺杆,用水平尺调整横

梁顶面高度使其符合要求。待所有支架和横梁组装成一体后,用_____抄平复核。

3. 铺设活动地板前,在_____上铺放缓冲胶条,并用乳胶液与横梁粘合。铺设活动地板时,应调整水平,转动或调换活动地板块位置,保证四角接触平整、严密,板块应拉线安装,接缝_____、顺直。

● **学习思考**

认真观察身边的哪些场合应用了活动地板地面,根据活动地板地面的验收标准,用工具检查活动地板地面是否符合验收要求。

项目七

其他装饰工程构造与施工

本项目包括木质楼梯、阳台挂晒类产品及洁具、龙头、玻璃制品构造与施工。

楼梯是建筑物中垂直交通疏散的重要交通设施,连接建筑中不同标高的楼地面,按照楼梯材料可分为木质楼梯、玻璃楼梯、金属楼梯、钢筋混凝土楼梯等,按照造型分类分为直线形楼梯、曲线形楼梯、折线形楼梯,如图7.0.1所示。

素养提升

数字装饰助力"中国建造"

(a) 直线形楼梯

(b) 曲线形楼梯

(c) 折线形楼梯

图 7.0.1 楼梯类型

阳台的作用之一是晾晒衣物,为满足使用要求,通过滑轮装置,可以使衣杆上下升降,目前升降衣架主要分为手摇式和电动式两种,如图7.0.2所示。

卫生间洁具主要包括坐便器、浴室柜、淋浴房等,如图7.0.3所示。按照结构分,坐便器分为连体坐便器、单体坐便器两种,连体坐便器所占空间小,价格稍便宜。浴室柜材质可分为石材、玻璃、金属、实木等,主要由柜体、台盆组成。柜体是浴室柜品质和价格的决定因素,台盆材主要有大理石、陶瓷、玉石等。淋浴房是独立的洗浴空间,可形成干湿分区,便于使用,并且可以节省空间,按照功能分为整体淋浴房和简易淋浴房两种。

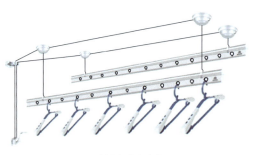
(a) 手摇式升降衣架

(b) 电动式升降衣架

图 7.0.2　升降衣架类型

(a) 连体坐便器

(b) 浴室柜

(c) 淋浴房

图 7.0.3　洁具

📖 装修讲堂

装修人的"工匠精神"

到底什么样的人才具有工匠精神呢? 一定要从事高端科技吗? 一定要是独一无二的吗? 都不是! 工匠精神是不分职业,不分工种的。《大国工匠》中讲述了平凡的工人数十年如一日地磨炼,最终成长为高级技工的事迹,他们代表了各行各业中每一个靠着对技术的刻苦钻研,在平凡的岗位上做出不平凡业绩的人。他们身上所体现出的精益求精、一丝不苟的精神正是"工匠精神"最好的诠释。同样,具有工匠精神的装修人也需要具有以下品质:

第一是"专"。无论大小工程,都要以精品为目标,精心对待每一个环节、每一道工序,哪怕是一块砖、一根木龙骨,确保"建一项工程,树一座丰碑"。

第二是"严"。认真,本事不在大小,关键是态度;严谨,知道与不知道的明确区分;严格,没有一个细节细到应该被忽略;严肃,每一次装修都不能轻易犯错。

第三是"精"。精雕细琢,我们装修人力求打造最精致、最牢靠的工程;持续学习新技能、掌握新本领;精益求精,"没有最好,只有更好"。

工匠精神是一种态度、一种信仰、一种力量,这种精神与力量能促人奋进、助人成长,只要我们不甘平庸、积极进取,就能在平凡的装修岗位上演绎出精彩人生。

工匠精神既是一种技能,更是一种精神品质。

任务1 木质楼梯构造与施工

任务目标

通过本任务的学习,达到以下目标:

1. 理解木质楼梯的主要材料及装饰构造。

2. 掌握木质楼梯的施工技术要点,培养学生严谨细致、精益求精的工匠精神。

3. 熟悉木质楼梯的质量验收标准,树立工程质量意识。

课件

木质楼梯构造与施工

任务描述

● 任务内容

某室内采用对折式全木制的楼梯,如图7.1.1所示。为满足室内装饰要求,楼梯扶手、栏杆及踏步等采用松木制作。掌握扶手与墙面的连接构造、木楼梯梯段构造及梯段与楼地面连接构造等;根据木楼梯相关构造归纳常用材料、机具;编制木楼梯的施工流程,并进行质量验收。

图 7.1.1 木楼梯

● 实施条件

1. 楼梯间墙面、楼梯踏板等抹灰全部完成(楼梯间腻子及涂料需施工完成,以免对楼梯扶手造成污染,如有交叉作业时需对楼梯扶手做好保护)。

2. 栏杆或靠墙扶手的固定埋件安装完毕。

相关知识

一、木楼梯构造

楼梯的构造主要由楼梯段、平台、栏杆扶手、立柱、踏步等组成。木楼梯梯段一般由斜梁板、木斜梁、木踏步和踢脚组成（图7.1.2）。斜梁板是沿楼梯间倾斜的装饰部分，踢脚和踏步在此处终止。斜梁是楼梯中支撑踏步的主要倾斜梁，斜梁的数量及间距取决于踏步材料所能跨越的能力。木斜梁一般采用木螺钉固定在平台或地面上。

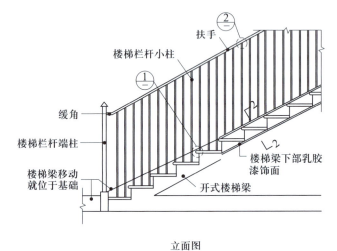

立面图

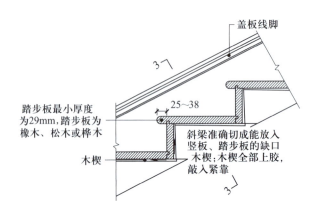

2—2剖面图

图 7.1.2 木楼梯构造

做一做：

　　查找相关资料，找出楼梯包括哪些种类？

二、选择装饰材料、机具

1. 主要材料

木楼梯一般采用红松、杉木、水曲柳、榉木、柚木等,无裂痕、结疤、扭曲现象,含水率不大于 10%。

(1) 楼梯扶手(图 7.1.3):木楼梯一般由木工机械加工成多种形式的木栏杆、立柱及扶手等,楼梯扶手的直径一般为 40~60 mm,最佳为 45 mm,其他形状截面的顶端宽度不宜超过 95 mm。

图 7.1.3　木楼梯扶手、栏杆

(2) 弯头(图 7.1.4):主要有起步弯、落差弯、U 形弯、收顶弯。起步弯在将军柱和扶手连接处,分为左起步和右起步,楼梯在左边就是左起步弯,在右边就是右起步弯;U 形弯也叫来回高低弯;收顶弯有左右之分。

(3) 踏板:表面一般都经过上漆处理,表面经过处理的踏步具有耐磨、防滑功能。

(4) 木螺钉:螺杆上的螺纹为专用的木螺钉用螺纹,可以直接旋入木质构件(或零件)中,用于把一个带通孔的金属(或非金属)零件与一个木质构件紧固连接在一起。这种连接属于可以拆卸连接。

(a) 起步弯　　　　　　　　　　　(b) 落差弯

(c) U形弯　　　　　　　　　　　　(d) 收顶弯

图 7.1.4　弯头

（5）其他：木砂纸、黏结材料及加工配件等。

2. 机具

（1）电动机具：手电钻、小台锯。

（2）手动机具：木锯、窄条锯、刨、斧子、羊角锤、扁铲、钢挫、木挫、螺丝刀、方尺、割角尺、卡子等。

三、施工流程及要点

（一）施工流程

木楼梯施工流程主要包括：弹线定位→安装地龙骨及踏板→安装立柱、栏杆→安装弯头→固定扶手。

（二）施工要点

1. 弹线定位

动画
楼梯安装工艺

（1）安装扶手的固定件：位置、标高、坡度找位校正后，弹出扶手纵向中心线（图 7.1.5）。

（2）按设计扶手构造，根据折弯位置、角度，画出折弯或割角线。

（3）在楼梯栏板和栏杆顶面，画出扶手直线段与弯头、折弯段的起点和终点的位置。

放线确定扶手直线段与弯头、折弯断面的起点和位置，确定扶手的斜度、高度和栏杆间距，按照规范要求，立柱之间的距离小于 150 mm，扶手高度大于 1050 mm。

图 7.1.5　弹线

2. 安装地龙骨、踏板、立柱、扶手

安装地龙骨的作用：一是为了水泥基础找平、调节步高；二是实木不能直接与水泥基础直接接触，否则很容易变形。

地龙骨、踏板、立柱及扶手的安装如图 7.1.6 和图 7.1.7 所示。

选择木龙骨，按照弹好的定位线铺装

用电钻在龙骨上打孔，选择膨胀螺栓，将其放入打好的孔内

安装基层板，用电钻在龙骨和基层板相交的部位打孔，将塑料膨胀螺栓放入打孔位置处，用双尖牙螺纹安装在基层板上，在基层板上涂抹白乳胶

安装地板

图 7.1.6　安装地龙骨、踏板

用电钻在已经固定好的踏步上开孔，孔位处预埋螺母，用角扳手将预埋螺母拧入打好的孔内，将双尖牙螺纹拧入预埋螺母内

选择大、小木柱，将其固定在双尖牙螺纹另一端

将条板放在立柱上，用气钉枪将立柱与条板固定

将已开槽的扶手安置在条板上

图 7.1.7　安装立柱、扶手

想一想：

　　立柱上条板的作用有哪些？

3. 安装弯头

按栏板或栏杆顶面的斜度,配好起步弯头,一般木扶手可用扶手料割配弯头,采用割角对缝粘接,在断块割配区段内最少要考虑三个螺钉与支承固定件连接固定。大于 70 mm 断面的扶手接头配制时,除粘接外,还应在下面做暗榫或用铁件铆固,如图 7.1.8 所示。

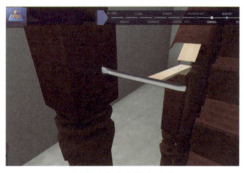

用凿子在大木柱上开孔　　　　　将月牙安装在开孔处,在弯头及大木柱和扶手
　　　　　　　　　　　　　　　　　连接部位涂抹乳胶

图 7.1.8　安装弯头

整体弯头制作:先做足尺大样的样板,并于现场画线核对后在弯头料上按样板画线,制成雏形毛料(毛料尺寸一般大于设计尺寸约 10 mm)。按画线位置预装,与纵向直线扶手端头粘接,制作的弯头下面刻槽,与栏杆扁钢或固定件紧贴结合。

4. 固定扶手

用手电钻在条板与扶手之间打孔,用木螺钉连接固定条板与扶手,如图 7.1.9 所示。

图 7.1.9　固定扶手

多学一点:

　　靠墙、柱及楼梯顶层栏杆扶手应与墙、柱固定连接,主要做法:在混凝土柱上设置预埋铁件,与扶手上铁件焊接;在墙上预留孔洞,将扶手铁件插入洞内嵌固,如图 7.1.10 所示。

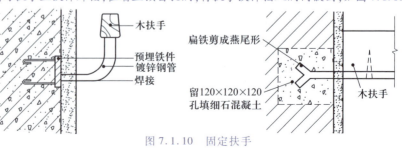

图 7.1.10　固定扶手

四、质量验收

微课
护栏与扶手工程质量检验与检测

（1）规格尺寸正确，表面光滑，线条顺直，曲线面弧顺，楞角方正，无戗槎、刨痕、锤印等缺陷。

（2）安装位置正确，割角线准确、整齐，接缝严密、坡度一致，粘接牢固、通顺，螺帽平正，出墙尺寸一致。

（3）塑料扶手应无劈裂。

（4）栏杆及扶手安装允许偏差如表7.1.1所示。

表 7.1.1　栏杆及扶手安装的允许偏差和检验方法

项次	项目	允许偏差/mm	检测方法
1	栏杆垂直度	3	用1 m垂直检测尺检查
2	栏杆间距	3	用钢尺检查
3	扶手直线度	4	拉通线，用钢直尺检查
4	扶手高度	3	用钢尺检查

任务拓展

● 课堂训练

答案
课堂训练

1. 放线确定扶手直线段与弯头，确定扶手的斜度、高度和栏杆间距，立柱之间的距离小于300 mm，扶手高度大于800 mm。（　　）

2. 安装地龙骨的作用：主要是为了固定牢固。（　　）

3. 按栏板或栏杆顶面的斜度，配好起步弯头，一般木扶手采用割角对缝粘接，在断块割配区段内用一个螺钉与支承固定件连接固定。（　　）

● 学习思考

认真观察周围楼梯，确定属于哪种楼梯类型并画出关键节点。

任务2　阳台挂晒类产品构造与施工

任务目标

通过本任务的学习，达到以下目标：

1. 理解手摇式升降衣架的主要材料及关键节点构造。

2. 掌握手摇式升降衣架的施工技术要点，培养学生遵守规范、标准的职业素养。

课件
阳台挂晒类产品构造与施工

任务描述

● 任务内容

为满足使用要求需在阳台处安装手摇式晾衣架（图7.2.1），请介绍手摇式晾衣架

图 7.2.1 手摇式晾衣架

（JGJ/T 304—2013）。

构件、安装使用机具，编制手摇式晾衣架的施工流程并进行质量验收。

● **实施条件**

1. 一墙一顶，墙和顶成无阻碍的 90°角即可安装。钢丝绳的走线在顶座到转角器的走向要平行，转角器到手摇器的钢丝绳走向要垂直。

2. 手摇器的安装要求：最好为实体墙，因为挂好衣服后上升时重量将集中在手摇器的位置，如果安装在瓷砖位置上，则要求瓷砖不可留有空鼓，否则钻孔及以后使用时很容易使瓷砖碎裂。

3. 规范要求：《住宅室内装饰装修工程质量验收规范》

相关知识

一、认识构造

手摇式晾衣架主要由单轮顶座、吊环、顶座盖、晾杆、手摇器、双轮顶座、转角器等组成，如图 7.2.2 所示。

（1）一根晾杆配 2 个顶座，其中一个双轮顶座，一个单轮顶座；双轮顶座靠近转角器，单轮顶座远离转角器。

（2）滑轮架两边距离墙面的位置不低于 27 cm，两个轮滑轮之间的垂直距离不低于 45 cm，两个滑轮的水平距离为 1.5 ~ 2 m。

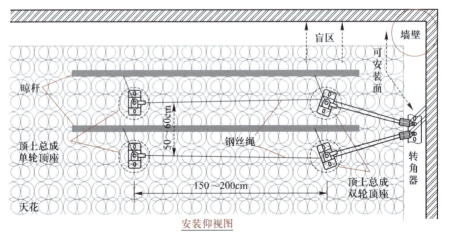

图 7.2.2 手摇式晾衣架安装方式

二、成品构件及机具

1. 成品构件

晾衣架成品构件如表 7.2.1 所示。

表 7.2.1 晾衣架成品构件

构件名称	介绍	图片
单(双)轮顶座	市面上的晾衣架顶座大多由装饰用的顶盖及固定用的滑轮组成。一根晾衣杆配2个顶座,其中一个是双轮顶座,一个是单轮顶座;双轮顶座靠近转角器	
吊环	用于吊挂晾衣杆	
顶座盖	装饰用,用于覆盖顶座	
堵头	用于堵住晾衣杆两端	
晾杆	晾杆是衣架的主要部件,为管材,其管壁厚度是承重的保证,好的晾衣杆一般采用优质连体铝钛合金,厚度为1.2 mm,也有采用进口304不锈钢管,厚度为0.5 mm以上,不弯曲、不变形、不生锈	

续表

构件名称	介绍	图片
手摇器	手摇器是实现晾衣架升降、自锁功能的主要部件。手摇器作为晾衣架的核心部件,其质量直接关系产品主要功能的实现及寿命。 手摇器自锁原理:手摇器停止时,是靠弹簧的张力产生的巨大摩擦阻力,产生"自锁",上升或下降时,则弹簧收紧,产生摩擦少,故能顺利升降	
转角器	转角器安装在阳台顶或墙体顶部,有轴承滑轮,升降比较轻松,不磨损钢丝	

2. 选择机具

所用的机具、工具主要有手电钻、螺丝刀、卷尺、粉笔等。

三、施工流程及要点

(一) 施工流程

安装顶座→安装转角器→安装手摇器→穿升降绳→安装顶盖→安装晾杆→检查验收。

(二) 施工要点

1. 安装顶座

顶座安装要求:市面上的晾衣架顶座大多由装饰用的顶盖以及固定用的滑轮组成。原顶安装是最好的,但也有已做吊顶的情况,轻钢龙骨的凹槽朝下且比较薄,无法固定晾衣架顶座。所以如果想安装升降衣架,建议使用木龙骨或在轻钢龙骨基础上加装木龙骨两根,晾衣架固定在木龙骨上。原顶安装顶座示意图如图 7.2.3 所示。

动画
阳台挂晒类产品安装工艺

(a) 用手电钻在楼板底部打孔

(b) 将金属膨胀螺栓放入支座位置处,用羊角锤将膨胀螺栓打入孔内

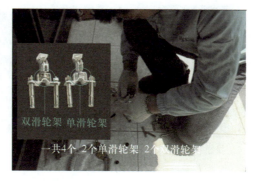

(c) 滑轮架两边距离墙面的位置不低于27 cm，
两个滑轮支架的垂直距离不低于45 cm

(d) 用配送的8个外膨胀螺栓固定4个顶座

图 7.2.3　原顶安装顶座

2. 安装转角器

在手摇器正上方、离墙角5cm 的楼板上或墙立面上安装转角器，用2 根内膨胀螺栓安装，与手摇器保持平行，如图 7.2.4 所示。

3. 安装手摇器

手摇器的安装如图 7.2.5 所示。

4. 穿升降绳

首先将钢丝绳对折，握住钢丝绳的两端，穿入其中一个转角器；接着将钢丝绳的两端穿过其中一个双滑轮架，两条钢丝绳平行且不要缠绕，把从双滑轮架下面穿出的钢丝绳一端拉到接近手摇器的位置，另一端全部拉过转角器，另一根钢丝绳同样的操作；然后再将手摇器摇出来的钢丝绳一端的扣子，挂至转角器钢丝绳的尾部，另一根同样操作。当转角器侧装在立面墙上时，绳子从无槽的一侧穿入，从有槽的一侧出来，如图 7.2.6 所示。

5. 安装顶盖

穿好绳子后，把顶盖安装好，如图 7.2.7 所示。

6. 安装晾杆

晾杆的安装如图 7.2.8 所示。

7. 检查验收

安装完晾杆，摇动手摇器，使之上下升降，检查有无卡滞、缠绕、偏斜、松动等现象。如有则耐心检查、调整、紧固，直到升降轻松、顺畅、无杂声、晾杆水平、左右对称，方可认定为安装完毕，最后把衣撑挂上。

四、质量要点

（1）晾晒架及其配件的材质和规格应符合设计要求和国家现行有关标准的规定。检查方法：检查产品合格证书、性能检测报告和进场验收记录。

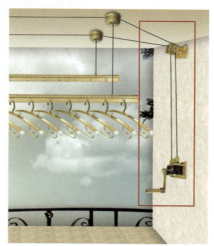

注意：转角器的位置一定要与手摇器的位置垂直

图 7.2.4　安装转角器

找好手摇器的安装位置，用手电钻打孔

用配送的膨胀螺栓固定，水平安装，绳子牵引头向上。手摇器的高度距离地面1~1.2 m

图 7.2.5　安装手摇器

图 7.2.6　穿升降绳

图 7.2.7　安装顶盖

在钢丝绳上安装吊环，确定晾杆高度，剪去多余钢丝绳。拉动一根绳子上的两个头，使绳子对折处紧贴转角器，两个吊环的位置略高于手摇器即可

把晾杆套入吊环，调整好间距，站在梯子上，抓住钢丝绳的对折处往下拉，晾杆上升至顶盖，这时钢丝绳对折处刚好略微高于手摇器，套上手摇器上的牵引头，固定住即可。安装堵头，将其套在晾杆两端

图 7.2.8　安装晾杆

（2）晾晒架及其配件的造型、尺寸、安装位置和固定方法应符合设计要求，安装应牢固。检验方法：观察、手试、尺量检查。

（3）晾晒架应外观整洁、色泽基本一致，无明显擦伤、划痕和毛刺。

（4）晾晒架伸展、收回应灵活连续，无停顿、滞阻。

（5）晾晒架的机械传动机构操作应平稳，无明显噪声，定位应正确。

任务拓展

● 课堂训练

1. 一根晾杆配 2 个顶座，其中一个双轮顶座，一个单轮顶座；双轮顶座＿＿＿＿＿＿＿＿

转角器,单轮顶座_____转角器。

2.滑轮架两边距离墙面的位置不应低于_____cm,两个轮滑轮之间的垂直距离不应低于_____cm,两个滑轮的水平距离为 1.5 ~ 2 m。

3.在手摇器正上方、离墙角 5 cm 的楼板上或墙立面上安装_____,用 2 个内膨胀螺栓安装,与手摇器保持_____。

答案
课堂训练

任务 3　洁具、龙头、玻璃制品构造与施工

任务目标

通过本任务的学习,达到以下目标:

1.了解洁具、龙头及玻璃制品的主要材料及装饰构造。

2.理解坐便器、面盆、淋浴房的施工技术要点,培养学生严谨细致、精益求精的职业素养。

3.熟悉洁具安装的质量检验要求,树立工程质量意识。

课件
洁具、龙头、玻璃制品构造与施工

任务描述

● 任务内容

卫生间需要安装坐便器、储柜、龙头等用品(图 7.3.1),介绍洁具、龙头、玻璃制品的材料、施工要点并进行质量验收。

● 实施条件

1.与卫生洁具连接的给水管道单项试压已完成,与卫生洁具连接的排水管道灌水试验已完成并已办理预检、试验、隐检等手续。

2.需要安装卫生洁具的房间,室内装修已基本完成。

图 7.3.1　卫生间用品

3.浴盆的安装,应待土建做完防水层及保护层并闭水试验合格后配合土建施工。

相关知识

一、认识构造

坐便器安装构造示意图如图 7.3.2 所示。

二、选择装饰材料、机具

1.装饰材料准备

所有与卫生洁具配套使用的螺栓、螺母、垫片、节水型水箱、镀锌钢管、扁钢、角铁、

圆钢、八字阀门、陶瓷阀芯水嘴、镀锌管件、橡胶板、铅皮、铜丝、油灰、石棉绳、铅油、麻、生料带、白水泥、白灰膏、白塑料护套。

2. 选择机具

（1）机具：匙孔线锯或手提电锯、台钻、电锤。

（2）工具：尖刀或剪刀、管钳、锤子、胶枪、活动扳钳、錾子、圆锉、水平尺、封边胶、炭笔、抹布、线坠、盒尺、毛刷、小线。

三、施工流程及要点（坐便器安装）

（一）施工流程

坐便器安装施工流程：安装前准备工作→安装定位→涂刷黏接胶→安装就位→配件安装及通水试验。

（二）施工要点

1. 安装前准备工作

（1）检查排水管下水口，取出下水口的临时堵头，确认下水管内无杂物后，将管口周围与坐便器底部地面清扫干净，用干燥、干净的抹布擦干。

（2）用角磨机调整坐便器排水管甩口高度（图7.3.3），并保证管口水平平整，若安装连体坐便器，该甩口高度应调整为出瓷砖地面10 mm；若安装分体坐便器，该甩口高度应调整为出瓷砖地面5 mm。

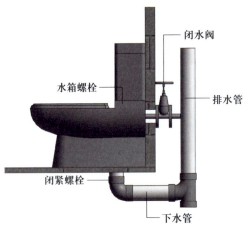

图 7.3.2　坐便器安装构造图

图 7.3.3　角磨机

> 做一做：
>   以小组为单位讨论排水管甩口高度能否与地砖面层高度一致？为什么？

2. 安装定位

将坐便器排水口与下水口对齐，使坐便器上的十字线与地面排污口的十字线对准吻合后，用铅笔沿坐便器基座接触的地面的边沿画一圈坐便器位置线后，将坐便器移开，如图7.3.4所示。

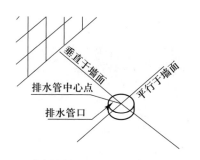

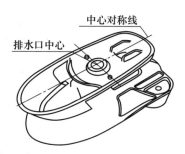

确定排水管中心,并画出十字中心线,中心线预估应延伸到安装位外地面

翻转坐便器,在坐便器排水口上确定中心,并画出十字中心线,中心线应延伸到坐便器底部四周侧边

图 7.3.4 定位

想一想:

为什么十字中心线应延伸到安装位外地面?

3. 刷胶黏剂(图 7.3.5)

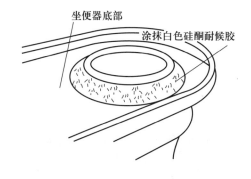

在铅笔画线部位沿线的内侧均匀涂抹一圈宽10 mm、厚度10 mm白色硅酮耐候胶

若安装分体坐便器,应在下水管甩口周围与坐便器排污口处均涂上宽10 mm、厚度10 mm白色硅酮耐候胶

图 7.3.5 刷胶黏剂

4. 安装就位

(1)将坐便器上的十字线与地面排水口的十字线对准吻合,慢慢摆回原位,并用力慢慢压下直至底部硅胶溢出。

(2)把坐便器底部压出的硅胶清理干净,并修整光滑顺直,如图 7.3.6 所示即安装就位。

5. 配件安装及通水试验

配件安装:将坐便器与供水管道上预安装的角阀连通(注意:胶垫的安装,防止接头处漏水),如图 7.3.7 所示。

通水试验:坐便器安装完毕。将供水角阀打开,待水箱内注满水,按下冲水开关进行冲水试验(注意调节水位)。

图 7.3.6　安装就位

图 7.3.7　安装角阀

多学一点：洁具成品保护

（1）严禁站在洁具上安装其他设备，不能在洁具上搭脚手板。

（2）卫生洁具未交工不得使用，以保证洁具表面卫生。

（3）防止洁具瓷面受损，特别是高级卫生洁具及浴盆。

（4）冬季室内不通暖时，所有卫生洁具的存水弯、背水箱、坐便器内积水都应放净，防止冻裂。

（5）所有卫生洁具的橡胶堵头、拉链、地漏箅子、喷头、手轮、扳把等都应在交工前安装完毕。

四、施工要点（台式面盆安装）

台式面盆安装要点如图 7.3.8 所示。

(a)将卫浴柜横放，安放在相关位置后，调节地脚螺栓到水平

(b)主柜安装完毕后，洗脸盆放置在卫浴柜上，调平整度

(c)水龙头安装在洗脸盆预制口处

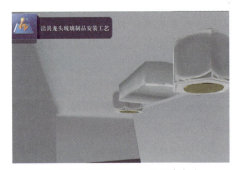

(d)用水龙头固定螺母，紧固水龙头

(e) 上水连接：台盆进水管角阀间距为150 mm，
左热右冷。用上水管连接水龙头及角阀，
并拧紧螺母

(f) 用排水管连接洗脸盆与下水管

图 7.3.8　台式面盆安装要点

五、施工要点（淋浴房安装）

（一）施工流程

安装盆底→找位、打孔→安装铝材→固定玻璃安装活动门→防水处理。

（二）施工要点

淋浴房安装要点如图 7.3.9 所示。

(a) 用干净抹布擦拭要安装淋浴房的区域

(b) 组合好底盆零件，调节底盆水平，确保盆内、盆底无积水。软管可随距离远近伸缩，将盆底与地漏连接牢固。装好后需要进行试水检验，以确保下水畅通无阻

(c) 将铝合金框架摆放在画线位置处

(d) 用铅笔标记固定打孔位置

(e) 用冲击钻在标记好位置处打孔，要事先确定好卫浴间排管情况，防止打孔时打爆隐蔽管线

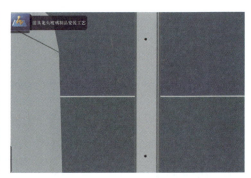

(f) 安装固定铝合金框架，在钻孔处敲入胶粒，用螺钉将铝条锁于墙壁。保持铝材的垂直度。用螺钉拧入已开孔内，固定淋浴房铝合金框架

(g) 将玻璃夹紧锁于地盆钻孔处，平板玻璃或弯玻璃底部落入玻璃夹槽内，缓缓推入贴墙铝材

(h) 将轨道放置在预先画好线的淋浴房底座上，用螺钉紧固轨道

(i) 将轨道滑轮，安装在顶部轨道内

(j) 将玻璃门上部固定在轨道滑轮上，下部置于轨道内，装好活动门的五金件，将合叶装于固定门预留孔处。装好后调整合页的轴芯位置，到关门手感最佳为止

图 7.3.9　淋浴房安装要点

　　按照要求在玻璃的侧面或下方安装好吸条或挡水胶条。用硅胶将铝材与墙体、玻璃与底盆接缝处密缝。

六、质量验收

　　质量要求应符合《建筑给水排水及采暖工程施工质量验收规范》（GB 50242—2002）的规定，如表 7.3.1 所示。

表 7.3.1　洁具安装质量检验要求

项目	序	检测内容			允许偏差或允许值
主控项目	1	器具受水口与立管,管道与楼板接合			见规范第 7.4.1 条
	2	连接排水管接口,其支托架安装			见规范第 7.4.2 条
一般项目	3	安装允许偏差法	横管弯曲度	每 1 m 长	2 mm
				横管长度≤10 m,全长	8 mm
				横管长度>10 m,全长	10 mm
			卫生器具排水管口及横支管的纵横坐标	单独器具	10 mm
				成排器具	5 mm
			卫生器具接口标高	单独器具	±10 mm
				成排器具	±5 mm
	4	排水管管径和最小坡度	污水盆(池)	管径 50 mm	25%
			单双格洗涤盆(池)	管径 50 mm	25%
			洗手盆,洗脸盆	管径 32 ~ 50 mm	20%
			浴盆	管径 50 mm	20%
			淋浴器	管径 50 mm	20%
			大便器	高低水箱	管径 100 mm	12%
				自闭式冲洗阀	管径 100 mm	12%
				拉管式冲洗阀	管径 100 mm	12%
			小便器	冲洗阀	管径 40 ~ 50 mm	20%
				自动冲洗阀	管径 40 ~ 50 mm	20%
			化验盆(无塞)	管径 40 ~ 50 mm	25%
			净身器	管径 40 ~ 50 mm	20%
			饮水器	管径 20 ~ 50 mm	10% ~ 20%

任务拓展

● 课堂训练

1. 用角磨机调整坐便器排水管甩口高度,并保证管口水平平整,若安装连体坐便器,该甩口高度应调整为出瓷砖地面_____ mm;若安装分体坐便器,该甩口高度应调整为出瓷砖地面_____ mm。

2. 在坐便器排污口上确定中心,并划出_____线,应延伸到坐便器底部四周侧边。

3. 洗手盆上水连接:台盆进水管角阀间距为_____ mm,左热右冷。用上水管连接水龙头及_____,并拧紧螺钉。

答案
课堂训练

常用机具介绍

名称	用途	图样
水平尺	用来检测或测量水平度和垂直度,水平尺材料的平直度和水准泡质量,决定了水平尺的精确性和稳定性	
楔形塞尺	楔形塞尺,倾斜一面有刻度,与水平尺配合使用。将水平靠紧墙或地面上,用楔形塞尺塞入,读取数值,检查水平度及平整度	
抹子	包括三种:木抹子(搓平、压实、搓毛砂浆表面)、铁抹子(分为圆头和方头,圆头用于压光罩面灰,方头用于抹灰)、角抹子(阴角抹子,用于压光阴角;圆弧阴角抹子,用于圆弧阴角部位的抹灰面压光;阳角抹子用于压光阳角)	
钢直尺	钢直尺用于测量长度尺寸,最小读数值为1mm	

续表

名称	用途	图样
方尺	检查阴、阳角方正	
木杠	木杠一般截面为矩形,有长木杠(2 500 ~ 3 000 mm)、中木杠(2 000 ~ 2 500 mm)、短木杠(1 500 mm)	
墨斗	弹线使用,方法是将墨线一端固定,拉出墨线牵直拉紧在需要的位置,再提起中段弹下即可	
螺钉刀	用来紧固螺钉,有一字形、十字形两种	
刨子	用来刨平、刨光、刨直、削薄木材	
木锯	由木质"工"字形框架、锯条、绞绳、绞片组成,主要用于锯割木料、开榫等	
橡胶锤	用橡胶等材料制作,主要用于铺设地砖、地板等,具有缓冲作用	

续表

名称	用途	图样
壁纸刀	根据使用情况,可更换分段式刀片,用于裁切壁纸等	
托灰板	经常与抹子配合使用,托起少量砂浆,现在多为塑料制品	
羊角锤	一端为圆头,敲击物品;另一端为扁平弯曲,呈"V"形口,拔铁钉等	
冲击钻	采用旋转和冲击进行工作,可在石材、混凝土等表面钻孔	
气钉枪	用气钉在木质板材上固定	
注胶枪	也称为玻璃胶枪,是一种挤胶的专用工具	
手提式石材切割机	用电动机带动刀片工作,用于切割大理石、花岗岩等石材	

续表

名称	用途	图样
电动修边机	用于对板材的侧边进行整修	
木工雕刻机	用于板材加工（木板、铝板等）雕刻、切割等	
手电钻	在木板、金属等材料上钻孔	
手提式电动磨光机	用于金属、木制品表面的打磨处理	

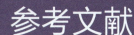

参考文献

[1]　中华人民共和国住房和城乡建设部.建筑装饰装修工程质量验收标准:GB 50210—2018[S].北京:中国建筑工业出版社,2018.

[2]　中华人民共和国住房和城乡建设部.建筑装饰装修工程成品保护技术标准:JGJ/T 427—2018[S].北京:中国建筑工业出版社,2018.

[3]　中华人民共和国住房和城乡建设部.建筑内部装修设计防火规范:GB 50222—2017[S].北京:中国计划出版社,2018.

[4]　中华人民共和国住房和城乡建设部.建筑装饰装修职业技能标准:JGJ/T 315—2016[S].北京:中国建筑工业出版社,2016.

[5]　高职高专教育土建类专业指导委员会建筑设计类专业分指导委员会.高等职业教育建筑装饰工程技术专业教学基本要求[M].北京:中国建筑工业出版社,2013.

[6]　王军.建筑装饰施工技术[M].北京:北京大学出版社,2014.

读者意见反馈

为收集对教材的意见建议,进一步完善教材编写并做好服务工作,读者可将对本教材的意见建议通过如下渠道反馈至我社。

咨询电话　400-810-0598

反馈邮箱　gjdzfwb@pub.hep.cn

通信地址　北京市朝阳区惠新东街4号富盛大厦1座
　　　　　高等教育出版社总编辑办公室

邮政编码　100029